青少年馆藏级动物大百科 7

# 无脊椎动物

青少年馆藏级动物大百科 7

# 无脊椎动物

意大利蒂亚戈斯蒂尼公司 / 编著　于泽正 等 / 译

电子工业出版社
Publishing House of Electronics Industry
北京·BEIJING

IL REGNO ANIMALE – 9
INVERTEBRATI – VOL. 1
©De Agostini Publishing Italia S.p.A., Novara – Italy
The simplified Chinese edition is published in arrangement through Niu Niu Culture.

本书中文简体版专有出版权由牛牛文化有限公司授予电子工业出版社。未经许可，不得以任何方式复制或抄袭本书的任何部分。

版权贸易合同登记号 图字：01-2019-1918

图书在版编目（CIP）数据

青少年馆藏级动物大百科. 7，无脊椎动物 / 意大利蒂亚戈斯蒂尼公司编著；于泽正等译. -- 北京：电子工业出版社, 2020.3
ISBN 978-7-121-38325-0

Ⅰ. ①青… Ⅱ. ①意… ②于… Ⅲ. ①动物－青少年读物②无脊椎动物门－青少年读物 Ⅳ. ① Q95-49 ② Q959.1-49

中国版本图书馆 CIP 数据核字 (2020) 第 014975 号

策划编辑：耿春波
责任编辑：苏颖杰
印　　刷：北京利丰雅高长城印刷有限公司
装　　订：北京利丰雅高长城印刷有限公司
出版发行：电子工业出版社
　　　　　北京市海淀区万寿路 173 信箱　邮编：100036
开　　本：787×1092　1/16　印张：14.75　字数：472 千字
版　　次：2020 年 3 月第 1 版
印　　次：2020 年 3 月第 1 次印刷
定　　价：168.00 元

参与此书翻译的还有：张玲

凡所购买电子工业出版社图书有缺损问题，请向购买书店调换。若书店售缺，请与本社发行部联系，联系及邮购电话：(010) 88254888，88258888。
质量投诉请发邮件至 zlts@phei.com.cn，盗版侵权举报请发邮件至 dbqq@phei.com.cn。
本书咨询联系方式：(010) 88254161 转 1868，gengchb@phei.com.cn。

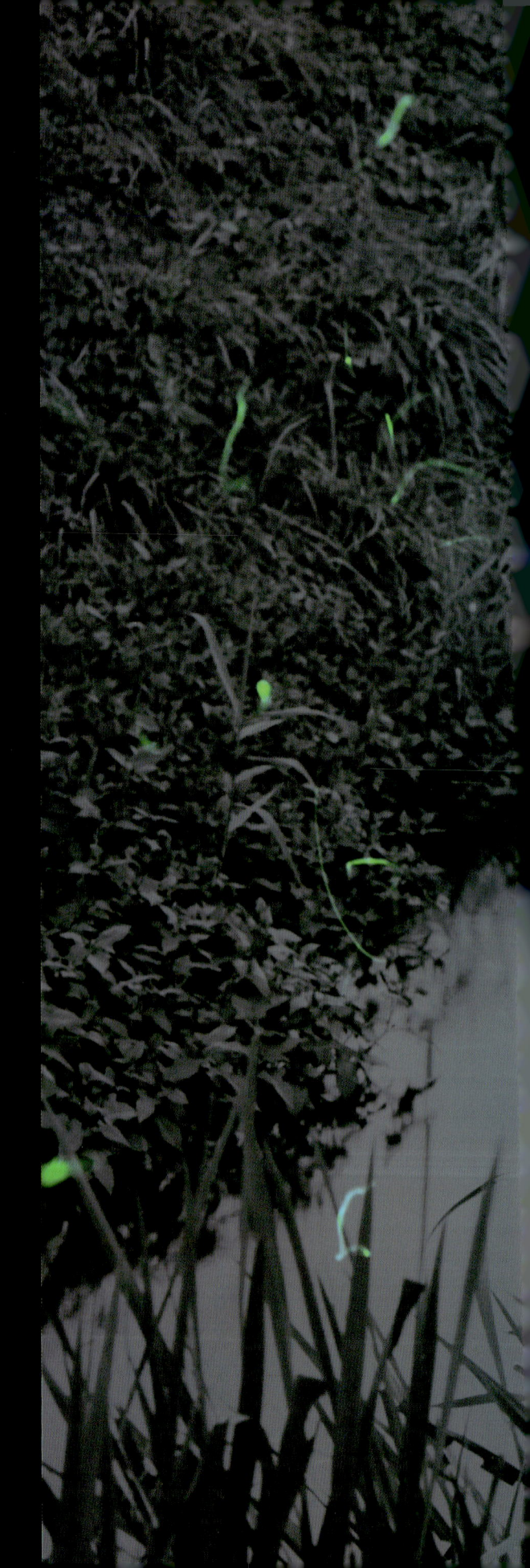

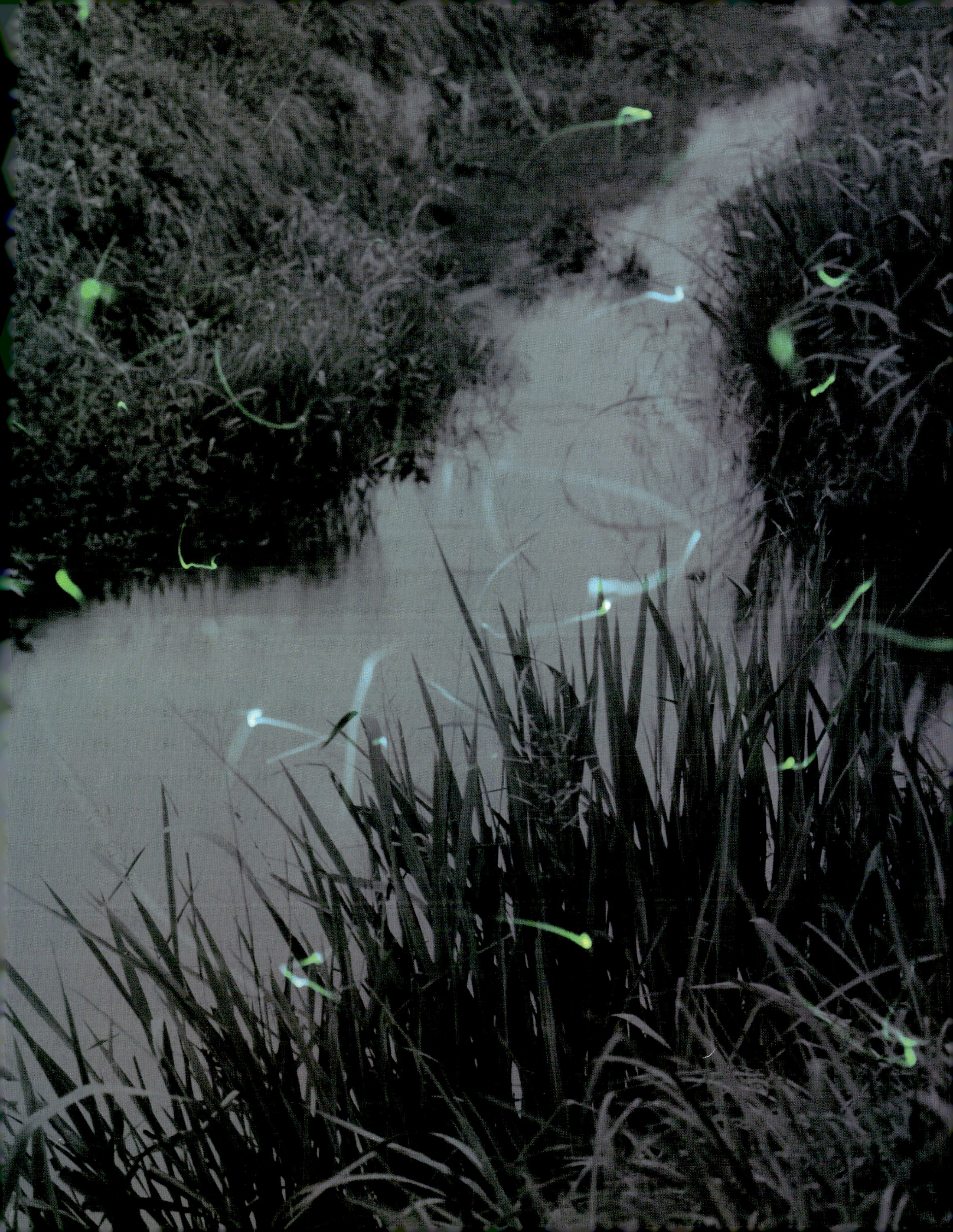

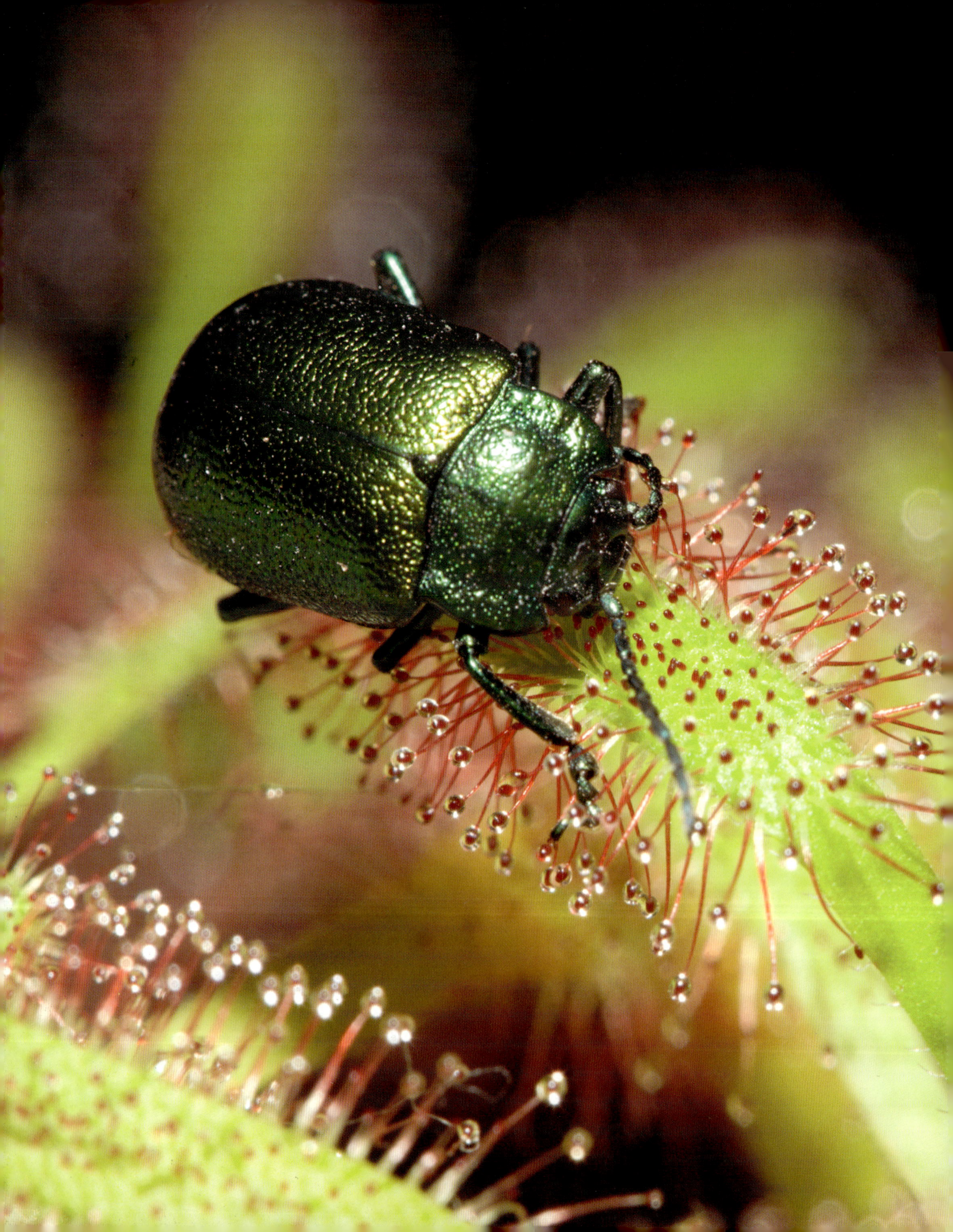

| | | |
|---|---|---|
| 1 |  | 哺乳动物 |
| 2 |  | 哺乳动物 |
| 3 |  | 哺乳动物 |
| 4 |  | 鸟类 |
| 5 | | 鸟类 |
| 6 |   | 鸟类 |
| 7 |  | 无脊椎动物 |
| 8 |  | 无脊椎动物 |
| 9 | | 无脊椎动物 |
| 10 |  | 爬行动物和两栖动物 |
| 11 |  | 鱼类 |
| 12 |  | 恐龙 |

# 鞘翅目

有"盾"的昆虫

鞘翅目是主要甲壳昆虫，约有35万种，比其他任何目都多。栖息物种的数量众多，色彩和各不相同，但它们被冠一个不易与其他昆虫混淆的称呼。

## 开篇

这部分是对某个纲（如哺乳纲）、目（如长鼻目）或科（如牛科）的总体介绍，通常配有图片、标题和简短的文字。分类学方面的内容由双页面上方出现的一个或多个概括性段落进行强调。

## 简介

此类页面包含了某些关键类别的动物，如食肉目动物的介绍。

## 配图

书中配有许多富有趣味的图片，增强了书的科学性，同时也丰富地展示了动物行为的具体细节。

## 卡片 / 身份牌

在每个板块中，单独的物种（标出了学名，如果有常用名也会标出）都有一段简短但较完整的科学描述。

有些动物的介绍之后还会有深入讲解的部分，通常是一些特定的话题或趣闻。

描述文字都配有动物的图片（除了特别少见的物种，这时通常只在页面的下方给出描述）。

每个物种的介绍中，都会有方框标示出它所属的目和科、体型大小及分布地区。如果某个物种濒临灭绝，小地图上方就会标注"濒临灭绝"，小地图也会出现红色的边框。《世界自然保护联盟（IUCN）濒危物种红色名录》中评定为"濒危"和"极危"等级别的动物被认为是濒临灭绝的。

## 聚焦

深度介绍动物的分类情况、演化过程、适应过程和行为，用文字、方框、表格与示意图一起展示与一种或多种动物相关的有趣内容。

# 目录

阅读导引

## 节肢动物

前世今生
分类
总体特征

## 昆虫

总体特征
衣鱼、斑衣鱼
石蝇属、普通蜉蝣、四节蜉属、双翼

## 蜻蜓目

蜻蜓
丽色蟌和其他蜻蜓

## 直翅目 50

蟋蟀 54
大绿灌丛蟋蟀、疣谷盾螽、螽斯 56
蝗虫、飞蝗 58

## 竹节虫目、螳螂目、革翅目、蜚蠊目、蛩蠊目 62

螳螂 66
欧洲球螋、竹节虫、叶䗛、蛩蠊 68
聚焦：捉迷藏 72
东方蜚蠊 74

## 等翅目 76

白蚁 80
聚焦：泥制教堂 82

## 虱目、食毛目、缨翅目、啮虫目、缺翅目 84

虱子 88
蓟马科、尘虱、缺翅虫属 90

## 半翅目 92

| | |
|---|---|
| 水黾科、仰蝽、水蝎子 | 96 |
| 红尾碧蝽、大锥蝽 | 98 |
| 蝉 | 100 |
| 四瘤角蝉、大青叶蝉 | 104 |
| 胭脂虫 | 106 |
| 蚜科、粉虱科、葡萄根瘤蚜 | 108 |
| 东方提灯蜡蝉、南美提灯蜡蝉 | 110 |

## 鞘翅目 112

| | |
|---|---|
| 疆星步甲、绿色虎甲虫、金黄步行虫 | 116 |
| 欧洲深山锹形虫、栎黑天牛 | 118 |
| 栗实象甲、马铃薯甲虫、黄粉虫 | 120 |
| 瓢虫 | 122 |
| 鳃角金龟、金花金龟、粪堆粪金龟 | 124 |
| 金龟、斑蝥 | 126 |
| 红斑尼葬甲、龙虱、发光虫 | 130 |
| 聚焦：鞘翅目昆虫的好与坏 | 132 |

## 膜翅目 134

| | |
|---|---|
| 红褐林蚁、阿根廷蚁 | 138 |
| 切叶蚁及其他蚁类 | 140 |
| 聚焦：组织结构 | 142 |
| 蜜蜂 | 144 |
| 聚焦：集体生活 | 146 |
| 红尾蜂、无刺蜂属 | 148 |
| 胡蜂、马蜂类、树螺蠃 | 150 |
| 聚焦：舞蹈、声音、气味 | 154 |
| 蛛蜂科、欧洲狼蜂、沙蜂 | 156 |
| 黑背皱背姬蜂和其他膜翅目昆虫 | 158 |

## 脉翅目、长翅目、捻翅目及其他昆虫目类 160

| | |
|---|---|
| 游须蚁蛉、褐蛉科、草蛉科 | 164 |
| 蝎蛉、蚊蝎蛉科、雪蝎蛉科、捻翅虫科 | 166 |
| 蚤类 | 168 |

## 鳞翅目　170

| | |
|---|---|
| 红白蝙蝠蛾、小翅蛾、贝壳杉蛾科、异石蛾属 | 174 |
| 蛱蝶 | 176 |
| 黑脉金斑蝶、黄缘螯蛱蝶 | 178 |
| 六星灯蛾、舞毒蛾 | 182 |
| 衣蛾类、蠹蛾 | 184 |
| 桦尺蛾及其他尺蛾科昆虫 | 186 |
| 聚焦：惊艳的蜕变 | 188 |
| 缟裳夜蛾及其他夜蛾科昆虫 | 190 |
| 阿波罗绢蝶、金凤蝶及其他凤蝶科昆虫 | 192 |
| 乌桕大蚕蛾、皇蛾及其他天蚕蛾科昆虫 | 194 |
| 天蛾 | 198 |
| 大菜粉蝶、芳香木蠹蛾、灰蝶科 | 200 |
| 家蚕、栎列队蛾 | 202 |

## 双翅目　206

| | |
|---|---|
| 蚋属、大蚊、静食白蛉 | 210 |
| 淡色库蚊、五斑按蚊、白蚊伊蚊 | 212 |
| 纹食虫虻、嗜牛原虻 | 216 |
| 黑腹果蝇、黄盾蜂蚜蝇 | 218 |
| 寄生蝇、蜂虱蝇、人皮蝇 | 220 |
| 家蝇、中非舌蝇 | 222 |
| 牛皮蝇、厩螫蝇 | 224 |
| 丽蝇科昆虫、尸食性麻蝇 | 226 |

## 弹尾目、双尾目、原尾目　228

| | |
|---|---|
| 水跳虫、冰川跳蚤、脆弱双尾虫、铗科、蚖属 | 232 |

# 节肢动物

## 物种数量最多、形态最多样的动物群体

　　节肢动物门是动物界物种数量最多、形态最多样的门类。节肢动物分布广泛，在地球上所有的生态环境中都有它们的存在。

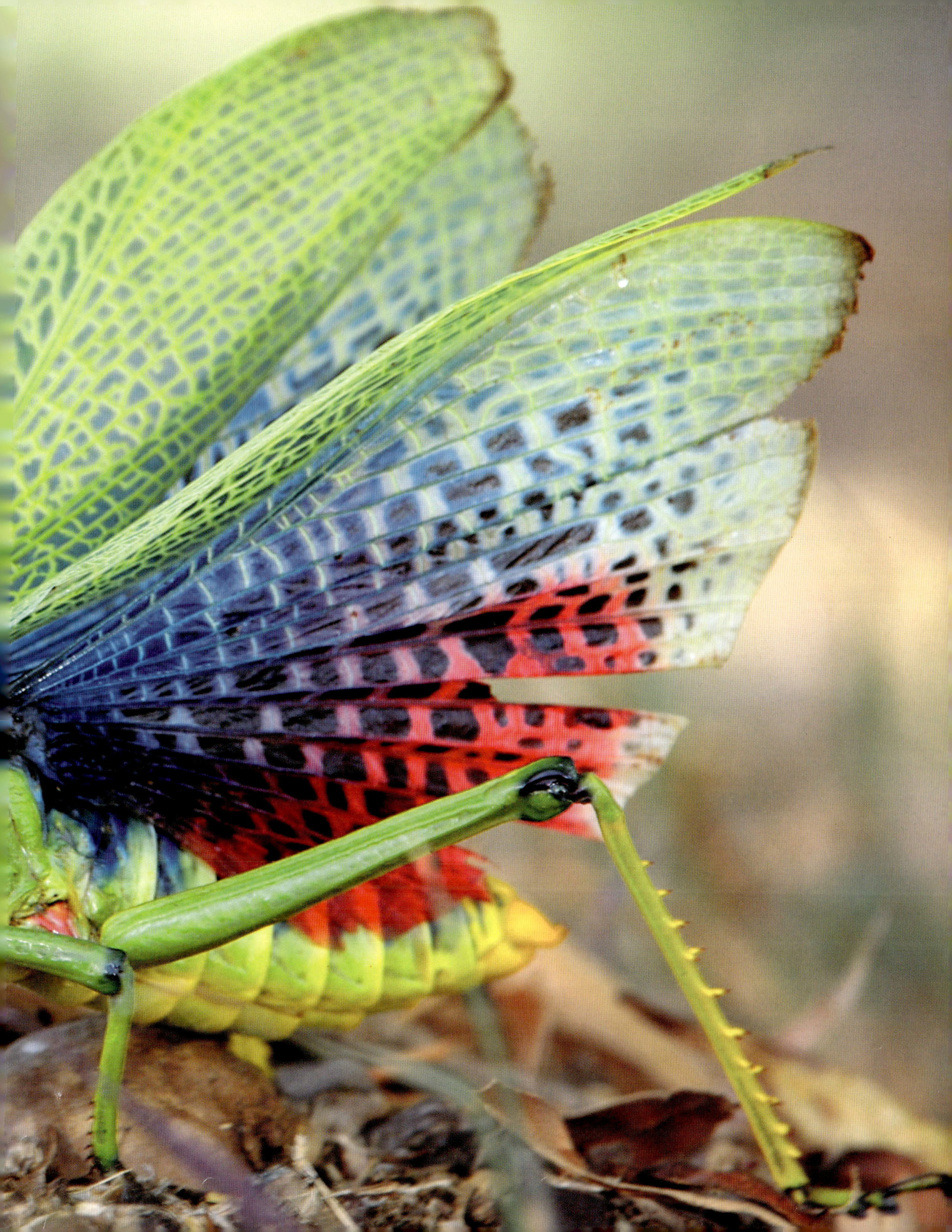

上页图片：彩虹草蜢；本页图片：椰子蟹

# 简介

　　如今，地球上生活着大约400万种节肢动物，但只有其中约100万种得以归类。节肢动物的基本结构相同，即整个身体分为若干节，但在形态方面是变化最多的群体。想想看，蜘蛛、龙虾、千足虫、蜻蜓、蜱虫和蝴蝶都属于节肢动物。它们也是世界上分布最广、与人类接触最多的群体。当然，有时它们带给人类的可能是"烦恼"。

节肢动物

# 前世今生

从演化的角度来看，节肢动物是从环节动物（现今的环节蠕虫，如蚯蚓）发展而来的。尽管环节动物十分原始，但它们已经有了疣足，也就是身体两侧的隆突结构，具有刚毛，使它们能够正常运动，而正是刚毛演化出了"连接的肢节"这个节肢动物的典型特征，并且整个门类以此命名（源于希腊语artros和podos，前者意为"关节"，后者意为"足"或"脚"）。

节肢动物从环节动物分化而来的论断可从节肢动物的多个形态特征上得以印证。首先，它们的身体是分节的，也就是分为几个不同的部分，彼此之间相互连接，称为**体节**。各个体节的形态原本是相同的，后来逐渐发生功能分化（如出现胸节、腹节等）。在演化的过程中，节肢动物不仅演化出能够活动的关节和具有不同功能的附肢（如触角、螯肢、口器等），而且体外覆盖了一层强韧的表皮（由几丁质构成，这种碳水化合物在植物界和动物界都十分常见）。表皮形成坚硬且不易延展的**外骨骼**，在某些情况下，外骨骼能够达到相当厚的程度。除作为防御器官外，外骨骼还有一个作用就是提供肌肉附着点。节肢动物的外骨骼十分发达且复杂，这与体节和翅膀等的活动关系密切。

## 原始的祖先

人类发现的最早的节肢动物化石以三叶虫和肢口纲（**剑尾目**和**广鳍目**）或原始甲壳纲物种化石为代表，可以追溯到寒武纪（古生代的一个地质时期，距今约5亿4千万年前）。古生物学家普遍认为，在寒武纪之前的海洋沉积物中便有三叶虫亚门动物，也就是三叶虫的祖先的踪迹。它的形态相当原始，身体的全部附肢都是完全相同的。从三叶虫亚门动物演化而来的不仅有**三叶虫**（随后灭绝），而且有其他不为人熟知的原始种群，在这些种群中已经可以看到螯肢亚门和甲壳纲动物身体结构的雏形。可以确定的是，螯肢亚门和有颚亚门动物的分化相当早，早于寒武纪。遗憾的是无法在化石上明显地找到更早的分化的证据。简而言之，最早的螯肢亚门动物无疑是肢口纲动物，而很有可能海生三叶虫亚门动物中的一部分演化成了有颚亚门动物的祖先，然后在寒武纪时期演化成了甲壳纲动物；而另

三叶虫具有相当明显的三段纵向叶状的身体构造，它也因此而得名。

一部分则成为多足纲和昆虫纲动物的祖先，逐渐占领了陆地的生态环境。

## 占领陆地

最早的陆生节肢动物可追溯到志留纪晚期，它们已经完全脱离了水环境，而不像软体动物和陆生环节动物那样，仍然需要有十分潮湿的环境才能生存。植被的变化让它们从水环境迅速过渡到陆地环境生活。由于蕨类植物和许多现已灭绝的树蕨植物的繁荣，从志留纪开始，植物就覆盖了大部分陆地。占领陆地是广翅目和剑尾目中少数种类的杰作，同时也有多足纲和昆虫纲动物的功劳。这些古老的节肢动物逐渐从它们在志留纪生活的海洋环境转移到在泥盆纪生活的咸水环境中。之后，在石炭纪，它们已经习惯于生存在淡水和沼泽之中，直到其中一些物种最终登上了陆地。

## 最早的昆虫

昆虫在地球上出现的时间可上溯到泥盆纪，因为人们正是在该时期的化石上确认找到了昆虫。突进弹尾虫实际上是一种体型较小的弹尾目动物，在泥盆纪的岩石中留下了它们身体的踪迹。昆虫最古老的形态拥有短

### 三叶虫

从三叶虫亚门演化出了种类繁多的原始节肢动物，其中一部分因为年代久远已经无从考证，古生物学家将它们归类为类三叶虫，它们在石炭纪开始不久后便灭绝了。类三叶虫在石炭纪时期演化出一个分支，称为三叶虫纲。人们通过化石了解的物种已达约1万种之多。

触角和4段分节相连的身体。十分有趣的是，人们在化石中发现了一类已经灭绝的昆虫，并将其归为单尾目，在中生代时期产生了多条演化路径，有翅昆虫便是从其中一条路径演化而来的。然而，对昆虫演化来说，最重要的地质时期是石炭纪，在这个时期，一方面无翅昆虫形态进一步分化，另一方面大量有翅昆虫繁荣发展，完成了真正意义上"占领陆地"的任务。但人们也在泥盆纪晚期的化石研究中发现了一段"空白"时期。这一时期的化石数量并不多，但令人惊讶的是，此后的石炭纪的化石中就已经出现了演化相对完善的有翅昆虫。昆虫的演化史表明，在这一时期昆虫已经形成了稳定的种群：现今的跳虫与泥盆纪时期的跳虫十分相似；蜚蠊从石炭纪生存到了今天；中生代的昆虫与现今的昆虫也完全形似。

昆虫是最早的陆地占领者之一。

## 剑尾目动物：幸存者

剑尾目动物有幸能够生存至今，它们由以鲎为代表的少数物种构成，生活在北美洲和南美洲的大西洋沿岸和从日本至苏门答腊岛的太平洋沿岸地区。它们的身体（可长达60厘米）分为3个部分：头胸部、腹部和尾节。背部由一块背甲保护，这是一层厚厚的几丁质外骨骼。今天的鲎类在志留纪就已分布相当广泛，而且是最原始形态的物种的后代。那时它们的腹部仍然分为多个体节，体节之间相互连接；然而这一特征在泥盆纪时期几乎完全消失，腹部的体节之间不再相互连接。与三叶虫相同，古生代的剑尾目动物生活在海岸附近的海洋环境中，到之后的石炭纪，许多物种已经适应了淡水环境。

石炭纪时期的昆虫：上图为蜚蠊，下图为巨脉蜻蜓。

## 广鳍目动物：真正的巨人

广鳍目曾经是海生或淡水螯肢亚门的动物，体型不一（长度从30~40厘米到3米不等）。它们绝对是地球上存在的最大的无脊椎动物。因其形似蝎子，故得名"海蝎子"，属于肢口纲，出现于寒武纪，灭绝于古生代末期。其身体分为3个部分，前体由6个体节结合而成，背甲或壳覆盖中体与后体，后两部分各由5个体节连接而成，清晰可见；身体的最后一节是"刺刀状"尾节。前体有6对附肢，第1对已演化成螯肢，接下来的3对用于运动；第5对是最长的一对，用于保持平衡；最后一对，也是最发达的一对，用作尾鳍。前体的背面外侧有两只肾形的大眼，内侧则有两只较小的眼。广鳍目动物在泥盆纪达到演化最完善、物种最繁盛的状态。

## 它们是谁？长相如何？

节肢动物形态多样，它们奇迹般地适应了各种生存环境。螯肢亚门（分为肢口纲、蛛形纲、海蛛纲或坚角蛛亚门）中有像鲎或蜚蠊这样的物种，它们已经将近几百万年没有发生变化了。所有节肢动物，尤其是昆虫，自出现以来形态变化都很小。

### 肢口纲
生活在海生或淡水环境中的节肢动物，大部分已经灭绝；通过鳃呼吸。

### 蛛形纲
陆生动物，一般是掠夺性食肉动物；身体分为头胸部和腹部，通过气管或书肺呼吸；无触角，有6对附肢，其中4对用于自身运动。

### 海蛛纲
仅有海生动物，又名"海蜘蛛"，体型较小，附肢很长，通过皮肤呼吸。

### 甲壳纲
水生动物，一般为海生，亦有淡水环境物种，有2对触角，身体由壳和叉形节肢覆盖，通过鳃呼吸。

### 综合纲
陆生动物，体型小，有多节触角和12对步足，通过气管呼吸。

### 少脚纲
陆生动物，体型小，有9~10对步足，无循环系统和呼吸系统。

### 倍足纲
陆生动物，有1对触角，身体分为头部和躯干，最多可有180对步足。

### 唇足纲
陆生动物，有1对长触角，至少有15对步足。

### 昆虫纲
存在于多种环境中，身体分为头部、胸部和腹部，有1对触角、3对步足；多数有翅膀，通过气管呼吸；从幼体至成虫需经历变态发育过程。

21

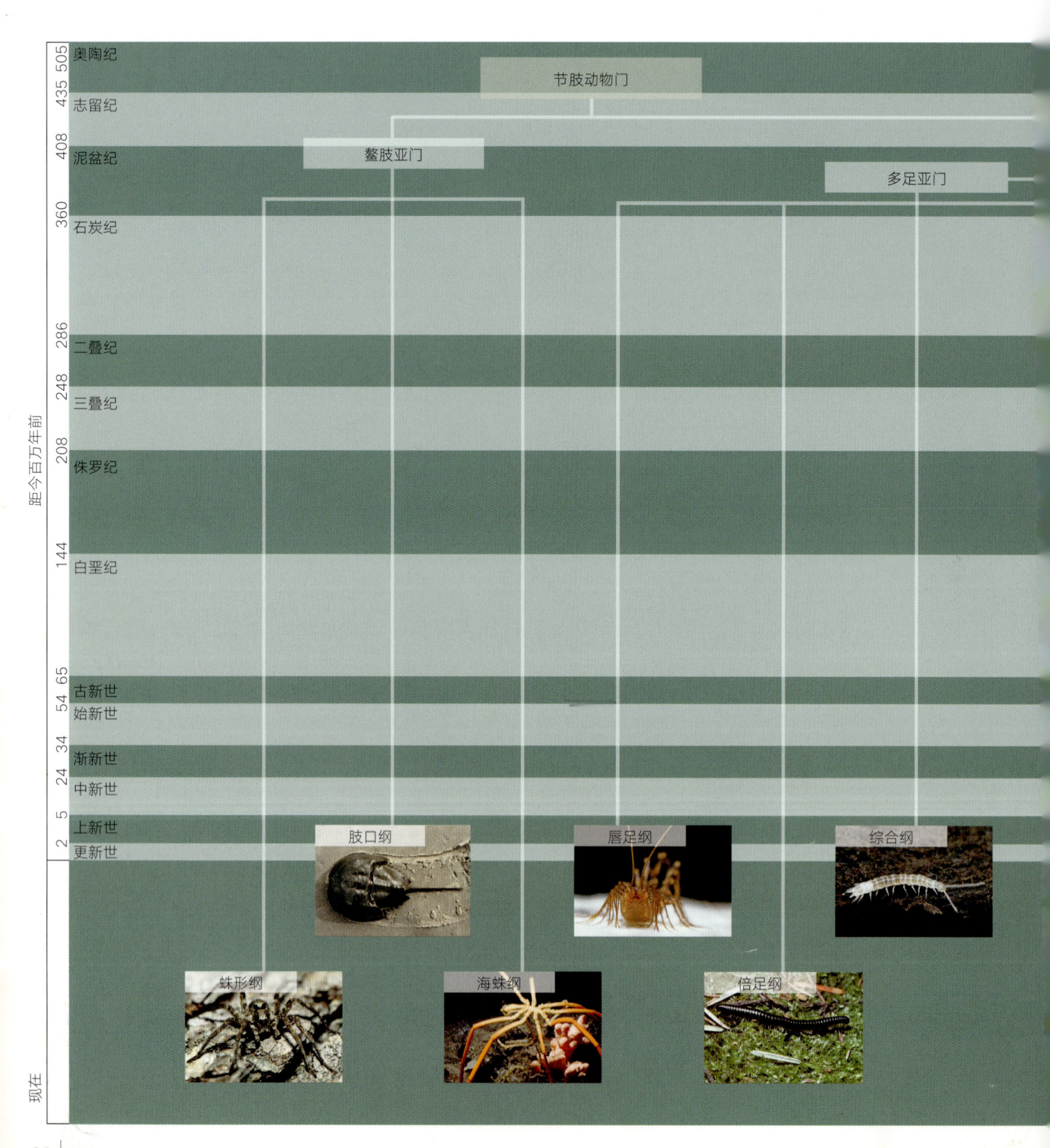

# 节肢动物
## 分类

| 距今百万年前 | | |
|---|---|---|
| 505 | 奥陶纪 | |
| 435 | 志留纪 | |
| 408 | 泥盆纪 | |
| 360 | 石炭纪 | |
| 286 | 二叠纪 | |
| 248 | 三叠纪 | |
| 208 | 侏罗纪 | |
| 144 | 白垩纪 | |
| 65 | 古新世 | |
| 54 | 始新世 | |
| 34 | 渐新世 | |
| 24 | 中新世 | |
| 5 | 上新世 | |
| 2 | 更新世 | |
| 现在 | | |

节肢动物门

螯肢亚门

多足亚门

肢口纲

唇足纲

综合纲

蛛形纲

海蛛纲

倍足纲

22

时至今日，已有约100万种节肢动物得以归类，但是动物学家认为现今存在的节肢动物物种数量应为400万种左右，是动物界中种类最多的一门。节肢动物虽特征各异，但它们的身体都由体节构成，主要可分为螯肢动物（分为蛛形纲，代表动物有蜘蛛和蝎子，以及肢口纲和海蛛纲）；甲壳纲，代表动物有龙虾、螃蟹和虾类；六足动物，包括昆虫纲、弹尾目、原尾目、双尾目；多足动物，包括唇足纲、倍足纲、综合纲、少脚纲，代表动物有千足虫和蜈蚣。

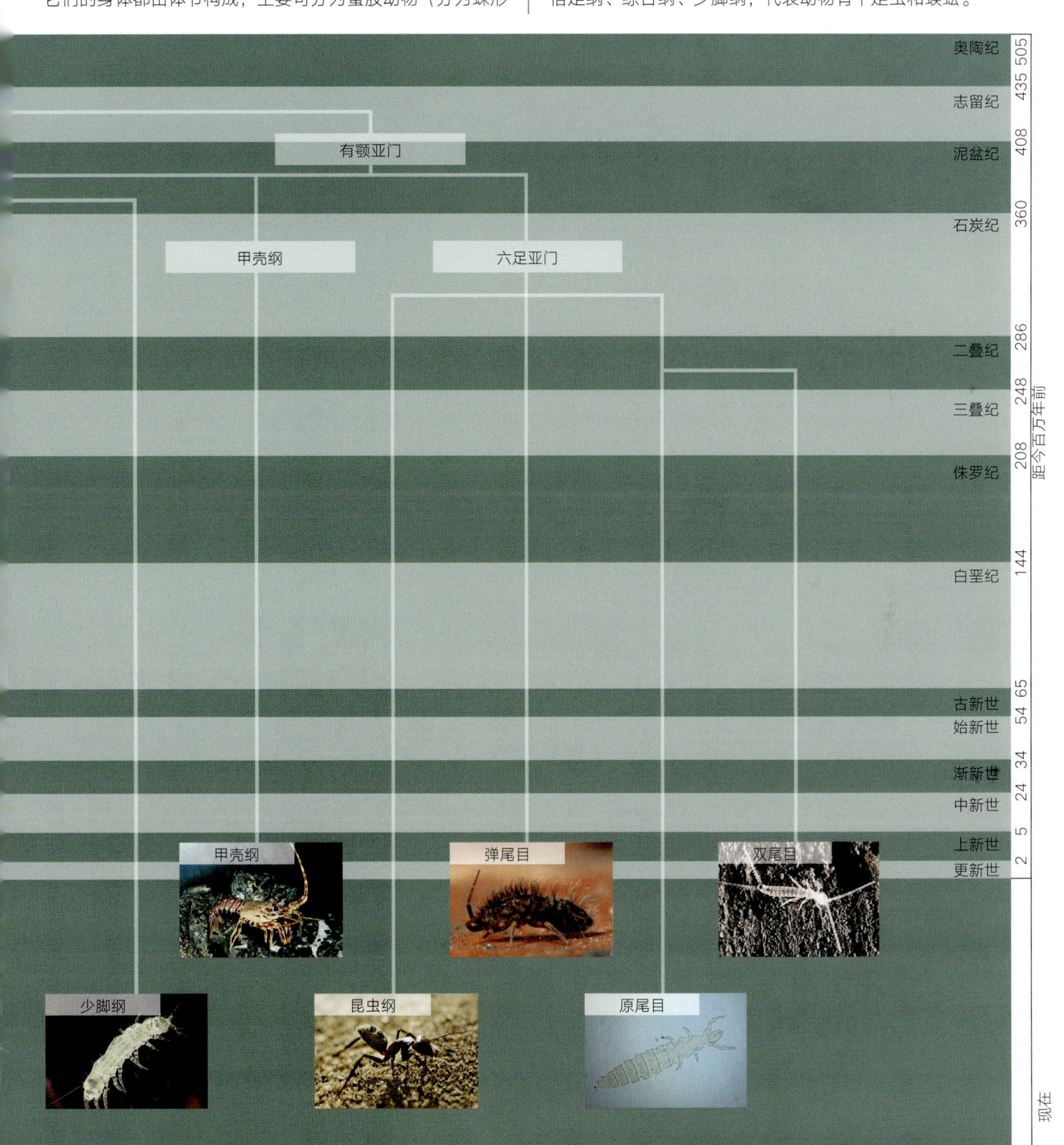

# 节肢动物
# 总体特征

许多节肢动物都对生态平衡、人畜健康和提高经济效益有着至关重要的作用。例如，昆虫在高等植物授粉过程中扮演的角色，寄生虫对人类和宠物健康的消极影响及农作物虫害所带来的经济损失等。虽然我们与节肢动物有着如此密切的接触，但并没有很好地了解它们。

在节肢动物的众多特征中，我们首先观察到的是其身体的分节结构，也就是它们的身体分为几段不相似但区域明显的体节：**头部**、**胸部**和**腹部**。其次，它们的身体由一层相当坚硬的表皮覆盖，其化学结构和成分相当复杂，其中包括几丁质，这是构成**外骨骼**的重要物质。这层表皮在可移动的部位，如肢节与躯干的关节处更薄、更富有弹性，有利于关节的运动。

节肢动物原本身体的每个体节都有一对连接的附肢用于爬行，附肢形态大致相似。然而，在演化的过程中，部分附肢变化成数量更多的体节，剩下的附肢则有了功能上的**分化**（如出现步足、触角、螯肢等）。

## 内部构造

虽然节肢动物的**神经系统**依然与环节动物类似，但实际已经更为发达，其复杂的神经节连接腹神经索，每个体节都有一对神经节。另外，它们的神经通路系统连接了各个器官，与哺乳动物的交感神经系统有相似的功能。它们的**感觉器官**有了巨大的完善，具有触觉、平衡、味觉、嗅觉，尤其是视觉，眼部的构成可以是简单的，也可以是复杂的，复杂的眼部由数量庞大的被称为单眼的简单视觉单元构成。一些更高等的物种甚至还有**内分泌系统**。

**循环系统**由背部腔管，即心脏构成，血淋巴（节肢动物血液的名称）由边孔流至血腔内，这个血腔被称为心包窦。由前心室延伸出一根腔管，即前主动脉，一般分支成小动脉网络；通常还会有后动脉，从心脏直通身体后部末梢。动脉血管在水生用鳃呼吸和陆生用肺呼吸的节肢动物体内十分发达，而对陆生用气管呼吸的节肢动物其实作用不大。

**消化系统**由以下3个不同部分组成：前肠（包括咽部和食道）、中肠（用于消化吸收食物）和后肠（用于处理食物残渣和体内垃圾）。

## 呼吸系统

原始节肢动物的呼吸系统采用皮肤呼吸，但随着外骨骼的形成和发育，气体交换只能在关节，即外骨骼较薄处进行；之后演化形成向外凸起的体壁，构成**鳃或书鳃**，这可在甲壳类动物身上观察到。然而，部分节肢动物来到陆地环境后，能够呼吸大气中的空气就显得尤为必要，但细嫩的外鳃在陆地环境中极易受到破坏，于是在体壁上逐渐形成了向内凹陷的结构。**书肺**（存在于蛛形纲的部分动物体内）和**气管**是典型的昆虫呼吸器官。气管为腔管分支结构，腔管之间互相连通，由气门将废气排出。

## 生殖繁衍

除了少量例外，节肢动物都是雌雄异体的，且往往雌雄异形。也有部分物种实行孤雌生殖，即雌性不通过雄性受精便可完成繁殖。生殖孔位于身体最后方，高等节肢动物的位于肛门之前，其他物种的生殖孔则位于肛门之后。与生殖孔相对应，雄性有交配器官，雌性则有产卵管。水生物种进行体外受精，陆生物种则多进行体内受精。

多数节肢动物为卵生动物，也有少数情况为受精卵在雌性体内发育，新个体出生时已经是幼体状态。受精卵由卵壳保护，在母体腹部的孵化器中、植物叶子或麻痹的动物身体上完成发育过程。刚出生的个体与成体差异巨大，需要经历一系列变化，甚至是变态发育才能成为成体。

### 换一层皮肤：蜕皮

节肢动物外骨骼的硬度决定了外皮无法随个体的成长而扩大，因此它们必须蜕皮才能完成成长的过程。在特殊激素的作用下，外骨骼逐渐脱离表皮层（外骨骼下的活性细胞层），与此同时，身体中分泌并形成新一层更大且尚未硬化的外皮。蜕下的外皮（又称蜕）沿最脆弱的线条破裂，直至完全脱离身体。此后，节肢动物通过食物、水和空气的消耗继续扩张体表而成长。蜕皮阶段是节肢动物最柔弱的时期，因为蜕皮需要消耗大量能量，而且新外皮在一段时间内还将保持柔软的状态，无法有效保护它们免受天敌的伤害。

蜘蛛蜕皮

# 昆虫

## 六足动物的天下

据统计，地球上生活着超过100万种人类已知的昆虫，另外还有约100万种未被人类识别的物种。昆虫在人类的文化和日常生活中有着相当重要的地位，既有蜜蜂、蚕和七星瓢虫等对人类有益的昆虫，也有蚊子和跳蚤等对人类有害的昆虫。

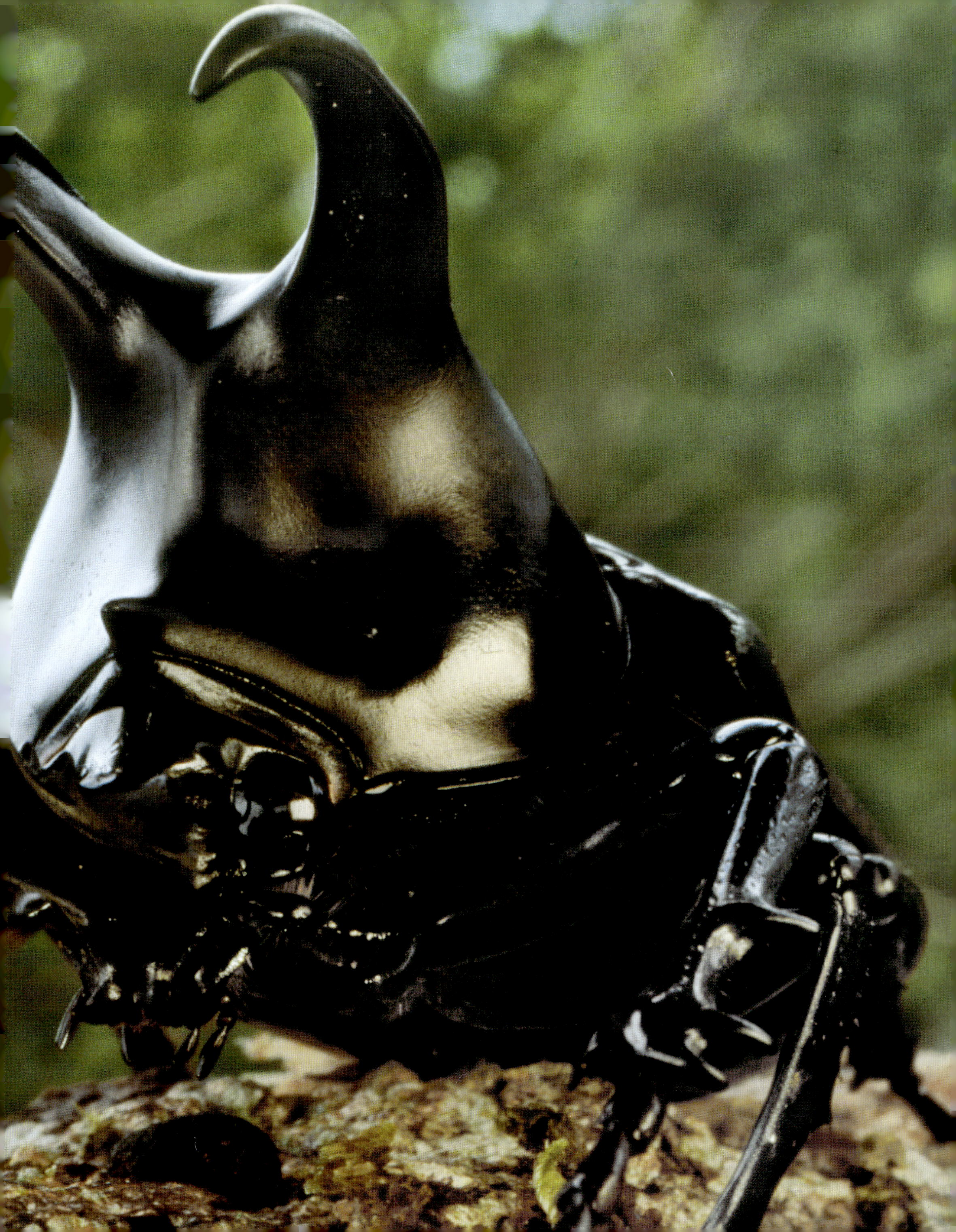

上页图片：犀牛甲虫；本页图片：切叶蚁

# 简介

昆虫的体型一般较小,但它们几乎能在各种环境中生存,甚至有些占据着食物链较高的位置——许多昆虫是掠食者或其他生命体的寄生虫。它们的形态差异巨大,从蜻蜓到天牛,从蝗虫到蜜蜂,从臭虫到蚂蚁……虽然形态各异,但所有昆虫的身体都有着固定的构造。比如,它们都有6只步足,都通过气管呼吸,头上都有触角。昆虫为优化其生物周期所采用的"解决方法"与其他动物大不相同,其中最重要的是变态发育。变态能够让一只微不足道的幼虫变成美丽动人的成虫。

# 昆虫
# 总体特征

在当今世界里，昆虫所具有的生物价值显然是毋庸置疑的，无论是它们与植物界的重要关系，还是它们的物种数量，以及它们适应各种环境和获得营养来源的能力都不容忽视。由于具有强大的适应能力，昆虫在地球上的分布十分广泛，并在地球的生态系统中发挥着重要的作用。在适应环境的过程中，昆虫的翅膀显然扮演着非常重要的角色，而没有翅膀也正是其他节肢动物在地球上的分布相对局限的原因之一。

## 昆虫的身体构造

尽管形态各异，但所有昆虫的身体都有着固定的构造。如同其他节肢动物，昆虫的身体由3部分：头部、胸部和腹部构成。头部由6~7个体节融合而成，如果不观察各体节的附肢（触角、眼睛和口器），就很难区分它们。胸部有3个体节，每个体节上都有1对步足。腹部则有至少11个体节，再加上肛门体节。另外，所有昆虫都通过气管呼吸。具有3个体节的胸部是昆虫区别于其他节肢动物的重要特征。

虽然身体的基本构造总是相同的，但不同昆虫所采取的适合自身发育和生存的策略大不相同。典型的例子就是有翅目昆虫的变态发育（部分原本有翅膀但后来翅膀消失的物种也有此过程）。昆虫的生命清晰地划分为3个不同的发育阶段：幼虫阶段、蛹阶段和成虫阶段。这是一系列形态变化和器官重组的过程，持续时间相对较短，它们最终形成有翅膀的成虫，具备飞行的能力。

为了理解昆虫的形态组织，不能不考虑它们的生物周期和不同的形态阶段。

昆虫纲包括多个目类，细分为无翅亚纲（没有翅膀，代表物种为缨尾目昆虫）和有翅亚纲。

# 昆虫的分类

|距今百万年前| |
|---|---|
|360|石炭纪|
|286|二叠纪|
|248|三叠纪|
|208|侏罗纪|
|144|白垩纪|
|65|古新世 始新世|
| |渐新世 中新世|
|2|上新世 更新世|
|现在| |

- 无翅亚纲
- 有翅亚纲

蜉蝣目　半翅目　双翅目　鳞翅目　直翅目

缨尾目　蜻蜓目　鞘翅目　蚤目　膜翅目　蜚蠊目

31

一只尺蝽停在水生植物上。和同属的昆虫一样，尺蝽能在水面上行走。长长的触角是它的重要特征。

## 触角、眼睛与口器

不同昆虫的头部形态各异，除了少数例外，都有着十分重要的结构：一对触角、一对颌骨、两对钳口（第二对分化成下唇）、一对复眼（由大量称为"小眼"的视觉单位构成）和许多单眼。触角的作用最重要，因为它提供了触觉和周边环境的化学信息，相当于触觉、味觉和嗅觉在同一个器官上产生。另外，触角上分布着许多微小的感受器，能够探测环境的湿度与温度。眼睛提供复杂而准确的视觉信息。由于复眼位于头部背面，所以昆虫能够准确地识别物体的形状，而位于头部顶端的单眼所提供的视觉信息则相对次要。

通过触角和眼睛，昆虫可以精准确定食物的位置，通过口器进食。不同昆虫的口器的形状不同，因为在演化过程中，口器根据昆虫对食物种类的喜好发生了相应的变化。

## 步足与翅膀

昆虫的步足由6部分连接而成，分别是（自离身体最近的部分开始）髋、转节、股骨、胫骨、跗节和前跗节。股骨通常是昆虫身体上最壮、最长的部分，包括了大部分肢体肌肉，能够清楚地在步行昆虫身上观察到它，而跳行昆虫的股骨则达到了十分发达的程度。

同样地，昆虫的翅膀形状也变化多样，但并不是体节的一部分，而是部分外骨骼，这层外骨骼一开始是折叠起来的，之后分化成翅膀和支撑的部分。

## 昆虫的发育过程

### 幼虫阶段

昆虫的幼虫来自受精卵，通常呈蠕虫状，随着营养的不断摄入，逐渐成长。幼虫的体外包着一层外骨骼，同其他节肢动物一样，需按时蜕皮。幼虫需经历多个阶段，慢慢成长，最后一个阶段以体型变化巨大为特征，通常比成虫的最终形态还要大一些。此时，幼虫体内的器官开始发生变化，化蛹的过程通常在茧中或安全的地点进行。最后，进入下一个生长阶段（时间较短），称为"蛹"。

### 蛹阶段

虽然蛹已经基本具备未来成虫的体型，但仍在某些特征上与成虫有所不同。这一时期是幼虫向成虫的最终形态过渡的准备阶段，即在性成熟之前的短暂间歇。在蛹阶段，昆虫的身体发生巨大的变化，逐渐从幼虫简单的身体构造向成虫复杂的身体构造过渡。

### 成虫阶段

成虫挣破体壁上的缝隙破蛹而出，代表着昆虫的生命到达性成熟的阶段。成虫阶段的行为有交配、繁殖和养育后代。保证本物种的延续是成虫最主要的目的。另外，成虫还有一个十分重要的作用，就是使本物种在空间上扩散。由于大部分成虫具备飞行能力，所以活动范围通常比幼虫要大得多，可以到达距离它出生和成长很远的地方产卵。蝗虫和某些蝴蝶的迁徙行为便是这一作用的最好例证。

## 昆虫的口器

1. 直翅目昆虫（如蝗虫）：咀嚼式口器。
2. 鳞翅目昆虫（如蝴蝶）：虹吸式口器。
3. 膜翅目昆虫（如蜜蜂）：嚼吸式口器。
4. 双翅目昆虫（如蚊子）：刺吸式或舐吸式口器。

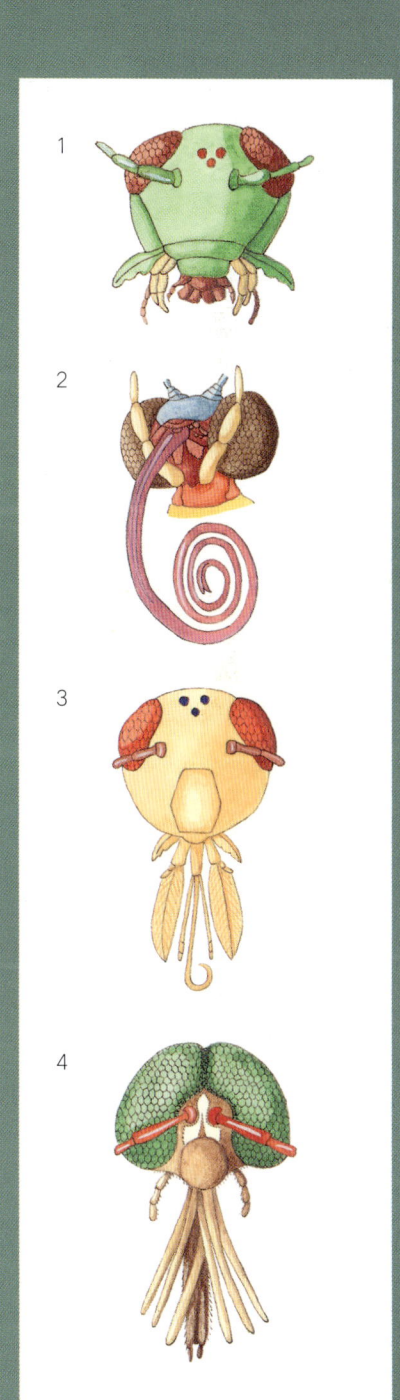

## 各类昆虫的变态发育

|  |  |
|---|---|
| **原始昆虫（无翅昆虫）** | 只有简单的生命周期，无明显变态发育。 |
| **蜉蝣目昆虫** | 原变态发育：在所有昆虫中是独一无二的，即使是有翅膀的成虫，也可再蜕皮一次，因此它们的成虫阶段分为两个龄期。 |
| **蜻蜓（及其近亲）** | 变态发育过程分为多个阶段，逐渐过渡，孵化时已经具备较成熟的形态，不完全变态，但因为其生命周期复杂（幼虫为水生），也称半变态发育。 |
| **蝗虫（及其近亲）** | 与蜻蜓相似，也进行不完全变态发育，但生命周期没有那么复杂，因此也称渐变态发育。 |
| **鳞翅目、鞘翅目、膜翅目和双翅目昆虫** | 通过蛹阶段完成变态发育，成虫破蛹而出，过程独特而激烈。 |

䗛斯包括许多所谓的"叶形虫"，得名于其惊人的模仿环境的能力。

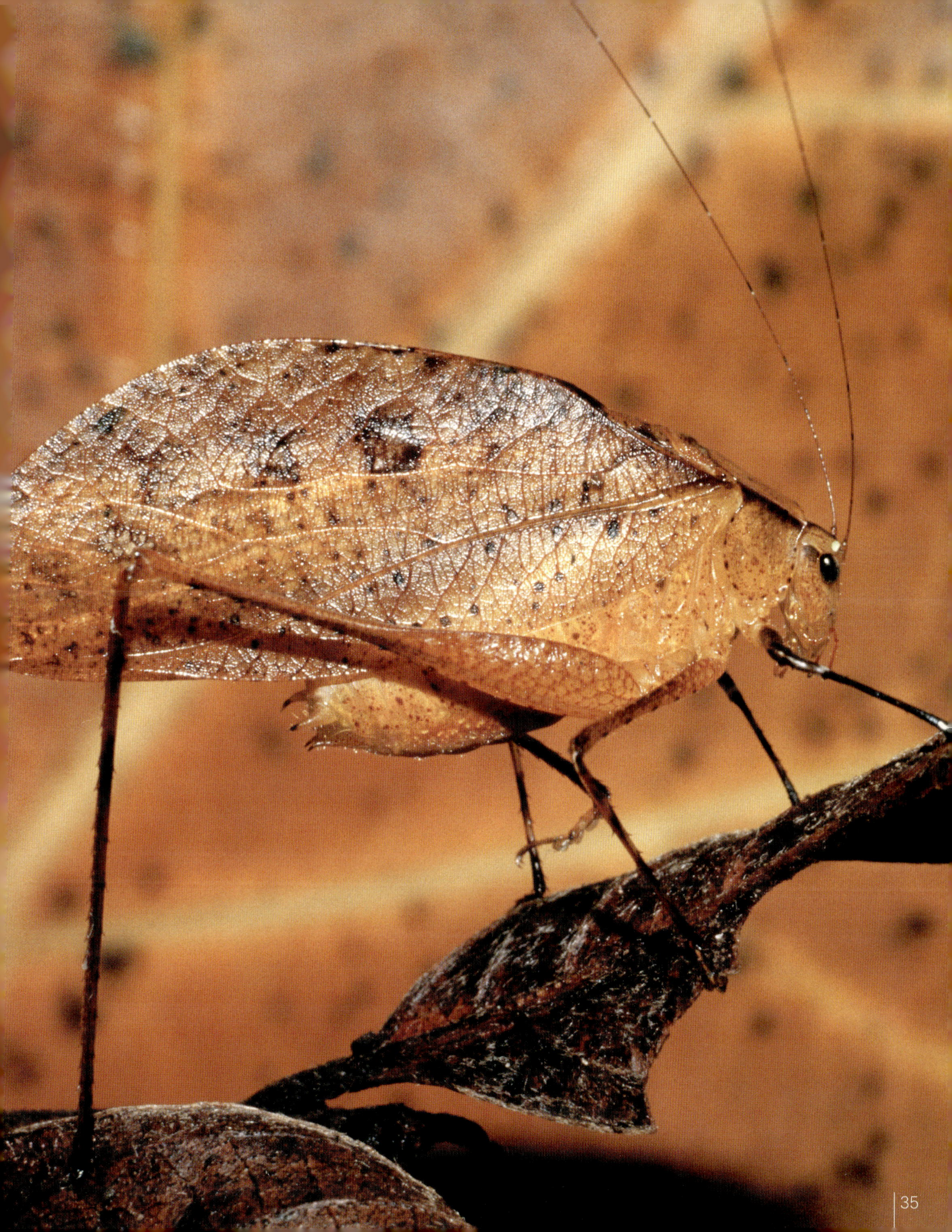

# 无翅亚纲：无翅昆虫

无翅亚纲中的部分昆虫代表着演化过程的低级阶段，既包括最古老的形态，也包括现今高级的形态。无翅昆虫具有一对触角，具有咀嚼式或刺吸式口器，腹部体节数量为6~12个。它们最重要的特征是没有翅膀，也就是说，翅膀作为飞行器官从未在无翅昆虫身上出现过，而并不是在演化过程中逐渐消失的。无翅昆虫的另一个重要特征即直接发育，而非变态发育，表明了它的原始性。无翅昆虫大多生活在陆地上，少数生活在地下，还有一些生活在水面上。

## 衣鱼
*Lepisma saccharina*

**目**：缨尾目
**科**：衣鱼科
**体长**：1~1.2厘米
**分布**：全世界

衣鱼在全世界范围内均有分布，多见于人类活动的环境中，如住宅和图书馆中。衣鱼体型较小，身形狭长，头、胸部较宽，腹部渐细，尾部有3条尾须；头部长有眼睛和一对长丝状触角，体表覆有银灰色鳞片，形成五彩斑斓的外表。

衣鱼并非无害昆虫。它们生于书堆的间隙中，如果图书馆中有大量衣鱼，那么会带来严重的损失。另外，衣鱼还会破坏人类的食物，通常在含糖较多的食物中筑巢。雄性衣鱼在交配时，会在雌性同伴面前快速"跳舞"，然后将精囊产在生活地点的缝隙中，雌性摄取精囊并在体内完成受精。

蠹虫（西洋衣鱼）既得名于其彩虹色的外表，也得名于其受到打扰时的逃跑速度。

## 斑衣鱼
*Thermobia domestica*

**目**：缨尾目
**科**：衣鱼科
**体长**：1~1.6厘米
**分布**：全世界

斑衣鱼分布广泛，喜欢温暖的环境，在意大利主要分布在南方的省份；由于生活在人类的生活环境和饮食环境中，所以人们在日常生活中很容易见到它。与西洋衣鱼不同，斑衣鱼体表覆有褐色斑点状鳞片，触角更长，尾须更长、更扁。斑衣鱼厌光，所以多在夜间活动。

## 石蛃
*Halomachilis maritimus*

**目**：缨尾目
**科**：石蛃科
**体长**：1.5~2厘米
**分布**：地中海和北海沿岸

在缨尾目昆虫中，石蛃分布在地中海和北海沿岸，是分布较广的一个物种。石蛃的身体结构虽与衣鱼类似，但以藻类为食，生活在海岸边，常见于海平面以上的礁石上。如果我们仔细观察，就能发现在岩石上乱蹦的石蛃。

相近的物种有塔尔乔尼石蛃和冰川石蛃。

## 土衣鱼
*Atelura formicaria*

**目**：缨尾目
**科**：土衣鱼科
**体长**：5~10毫米
**分布**：欧洲

土衣鱼，分布在欧洲，身形狭长，身体前部较宽，半透明的体表呈奶油色或金色，步足扁平。土衣鱼和蚂蚁一起生活在地下，视力极差，这与其生存环境无光有关，但由于其他感官系统十分发达，土衣鱼仍然能够辨别方向。土衣鱼以植物碎屑为食。

同属的物种有叉形土衣鱼和浅色土衣鱼。

## 有翅昆虫中演化最不明显的物种：从蜉蝣到石蝇

有翅亚纲包括了几乎所有的昆虫，其中许多目类的昆虫演化不明显，但并未因此而无趣。蜉蝣目包括2000余种中小型昆虫，它们的前翅大而近乎透明，后翅小或缺失；尾部有3条细长的附肢，称为尾须；幼虫水生，成年后陆生，生命极短。石蝇目昆虫约有1500种，中等体型，身形狭长，触角和尾须很长；虽然翅膀很发达，但膜质的翅膀在飞行中十分无力，其幼虫水生。纺足目包括约140种中小型昆虫，其中雌性有翅膀，雄性无翅膀。

蜉蝣的寿命极短，约为1天。此图中为普通蜉蝣。

### 普通蜉蝣
*Ephemera vulgata*

**目**：蜉蝣目
**科**：蜉蝣科
**体长**：2~2.5厘米
**分布**：欧洲

普通蜉蝣分布于整个欧洲大陆，常见于夜间，围绕光源飞行。普通蜉蝣的翅膀几乎透明，外表十分优雅，其寿命很短，整个生命周期都用于寻找伴侣和维持物种的繁衍。幼虫喜欢生活在河流的泥沙中，用爪和强壮的下颌骨挖掘通往洞穴的通道。

### 四节蜉属
*Baetis*

**目**：蜉蝣目
**科**：四节蜉科
**体长**：1.6~2厘米
**分布**：全世界

四节蜉属的昆虫分布于全世界的各个角落，其特征是有极其脆弱的外表，以及身体的颜色色调柔和，处于绿色到蓝绿色、灰土色之间。这类昆虫具有明显的二态性，雄性长有球状复眼，一道横沟将复眼分割成上下两部分，极易辨别。在阿尔卑斯山脉很容易遇到不同种类的四节蜉，如罗得蜉蝣（Baetis rhodani）、双翼蜉蝣（Baetis gemellus）和伪特氏蜉蝣（Baetis pseudotrebatinus）。

### 双翼二翅蜉
*Cloeon dipterum*

**目**：蜉蝣目
**科**：四节蜉科
**体长**：6~8毫米
**分布**：欧洲、西伯利亚、日本

双翼二翅蜉分布于欧洲、西伯利亚和日本。与其他二翅蜉属昆虫一样，只有一对翅膀是其主要特征（顾名思义，"二翅"即一对翅膀），准确地说是只有前翅，为膜状大翅膀，成虫可利用其飞行。它的尾须很长（7~10毫米）。幼虫生活在水生植物丰富的静水环境中，在强烈刺激下能够快速游动，其身后的附肢已经演化成适于游泳的结构。

## 石蝇属
*Perla*

| 目: | 襀翅目 |
|---|---|
| 科: | 石蝇科/襀科 |
| 体长: | 2.5~3.8厘米 |
| 分布: | 欧洲 |

我们十分熟悉石蝇属昆虫，其中有两个物种相当有趣。巨石蝇（Perla maxima），体型较大，翼展达6毫米；身体呈黄褐色，腹部呈黄色，夏季经常可以观察到在河流附近产卵的石蝇。另外，不得不提及金边石蝇（Perla marginata）的原因是它是襀翅目昆虫中少有的雌雄同体的个例之一。它的英文名称为Stone flies（意为"石头上的苍蝇"）。石蝇幼虫为肉食性昆虫，颌骨相当发达。石蝇是可怕的捕食者，以栖居在狭窄裂缝中的蜉蝣类和双翅类昆虫幼虫为食。

值得注意的是，石蝇的幼虫可作为鱼类鲜美的饵料，实际上许多人造鱼饵都模仿石蝇幼虫的形状。石蝇成虫不善飞行，在其短暂的生命里，并不会远离其度过幼虫期的水环境；相反，成虫十分善于行走，常能在岩石或树干上见到石蝇快速奔跑。

其他具有襀翅目昆虫典型特征的物种有凹襀属（Diradius）、网襀属（Perlodes）、同襀属（Isogenus）和绿襀属（Chloroperla）昆虫等。

## 丝蚁属
*Embia*

| 目: | 纺足目 |
|---|---|
| 科: | 丝蚁科 |
| 体长: | 2~20毫米 |
| 分布: | 热带和亚热带地区 |

丝蚁属昆虫主要分布在热带和亚热带地区，在意大利地中海沿岸有分布。代表物种有第勒尼安丝蚁（Embia thyrrenica）和努拉吉丝蚁（Embia nuragica）。它们的身体长而扁，呈浅褐色，行动谨慎；由于厌光，所以它们主要生活在石头下面和小型洞穴内，在地道中分泌柔软的白色细丝，一个洞内可居住不同家族的种群，最多可达20只。当我们拿起一块石头或揭起一块树皮时常会见到它们。

# 蜻蜓目

**五彩斑斓的蜻蜓**

蜻蜓轻盈的身躯和优雅的姿态令人赏心悦目。蜻蜓在世界各地均有分布，观察蜻蜓的最好时机是它的繁殖季节，特别是在它贴近水面飞行进行交配的时候。

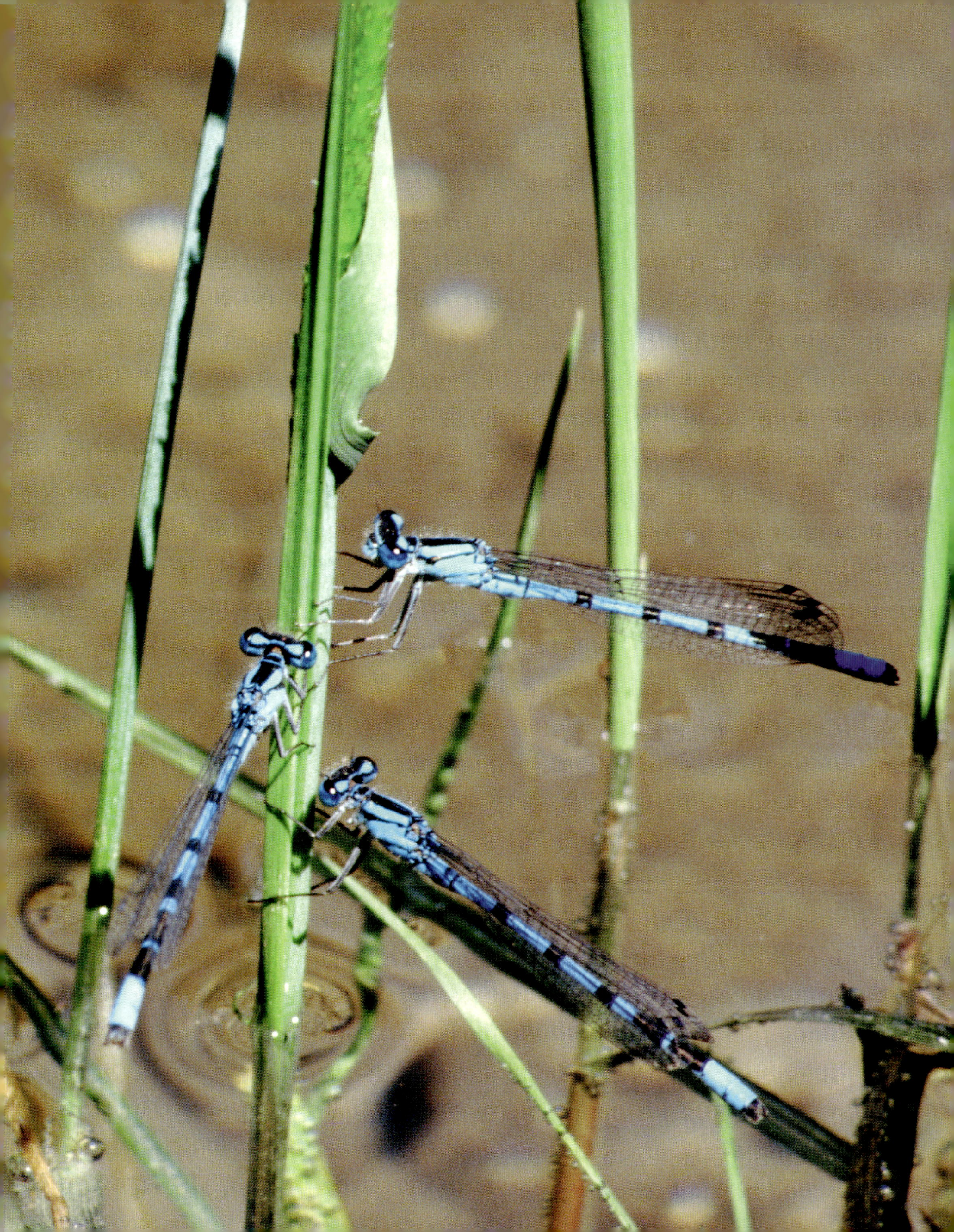

上页和本页图片：蜻蜓

# 简介

　　蜻蜓目昆虫由5000余种蜻蜓构成。它们身体细长，颜色明亮，成虫有1对复眼和3只单眼、短小的触角和咀嚼式口器；翅膀很大，透明呈膜质，有的有斑点。雄性的腹部末端有一对附肢（尾须），演化成钳状的肛附器，用于交配时抓紧伴侣；雌性的腹部末端则是发达的产卵器。蜻蜓的幼虫水生，成虫陆生且善于飞行；幼虫和成虫均以无脊椎动物为食。蜻蜓的卵一般产于水生植物组织中，出生后的幼虫无翅膀，幼虫阶段（水虿）以其咀嚼式口器（面具）为特征。

## 环式交尾

　　没有任何一种昆虫的交配方式与蜻蜓类似。雄性蜻蜓的生殖器官并不与生殖孔相连，而是位于腹部第二体节，在胸部附近。交配时，雄性蜻蜓弯曲细长的腹部，使生殖孔与生殖器官相连，沾到精子；然后用腹部后方的肛附器抓住雌性的后颈部。雌性则将腹部弯曲成环状，将自己的生殖孔紧贴到雄性的生殖器官上，这就是蜻蜓典型的"环式"交配方式。

## 帝王伟蜓
*Anax imperator*

| 目 | 蜻蜓目 |
|---|---|
| 科 | 晏蜓科 |
| 体长 | 10~11厘米 |
| 分布 | 欧洲、小亚细亚半岛、非洲 |

帝王伟蜓主要分布在欧洲、小亚细亚半岛、非洲，直到好望角，是体型最大的蜻蜓之一，一般可在池塘安静的水面上观察到它。

雄性的胸部呈苹果绿色，腹部呈天蓝色并有黑色条纹；雌性的条纹呈棕褐色，而且更宽。帝王伟蜓的幼虫是最贪吃的幼虫之一，它将自己的一部分口器折叠藏在头下方，就像弹簧刀的刀刃那样，隐藏在池塘底部交错的植被之间，准备随时捕捉猎物。

帝王伟蜓的成虫善于飞行，主要在日间气温最高的时段活动。在意大利，5月末至9月之间是成虫的飞行季节。雄性可在水面上无间歇地飞行约1米，领地意识十分强，会攻击和驱赶入侵自己领地的雄性同类，通常连其他种类的雄性也不会放过。雌性帝王伟蜓则没有攻击性，常贴近水面飞行。交配时，雄性使用肛附器抓紧伴侣，之后在空中短暂飞行，再降落。交配后，雌性返回水上，寻找适合产卵的地点，一般将卵产在沉水植物上。它的发育周期一般为1年，但是如果气候特别寒冷，则受精卵或幼虫将在水中休眠，发育周期延长至2年。

## 宽翅蜻蜓
*Libellula depressa*

| 目 | 蜻蜓目 |
|---|---|
| 科 | 蜻蜓科 |
| 体长 | 7~8厘米 |
| 分布 | 欧洲 |

除欧洲最南部的地区外，宽翅蜻蜓在整个欧洲都有分布，栖息于开放和潮湿的环境中有丰富水生植物的池塘里。宽翅蜻蜓拥有独具特点的腹部，使其与其他蜻蜓区分开来：腹部宽大而扁平，雄性呈淡蓝色，雌性呈蜜黄色，雌雄性背部中央均有一条纵向延伸的条纹。雌性的产卵器较短；翅膀十分发达且透明，有翅脉支撑。伴随着雄性之间的激烈竞争（雄性数量多于雌性），交配一般在掠过水面时进行；雌性任由受精卵落在石头或植物上。

它的幼虫期为2年，幼虫在池塘底部生活、觅食；幼虫期结束时，从水中爬出，附着在草本植物的茎部，静待破蛹而出。

## 小斑蜻
*Libellula quadrimaculata*

| 目 | 蜻蜓目 |
|---|---|
| 科 | 蜻蜓科 |
| 体长 | 6~8厘米 |
| 分布 | 亚欧大陆、南美洲 |

小斑蜻分布在亚欧大陆和南美洲的广大地区，在意大利有分布；喜欢较浅的、水生植物丰富的死水，不喜欢开阔的池塘。它的身体呈金黄色，每只翅膀边界处均有两处晕开的黑斑，它也因此而得名。雄性的领地意识强，几乎持续贴近水面飞行。如果个体数量很多，小斑蜻就会互相争斗、抢夺地盘，也会与其他非同种的蜻蜓产生冲突。静止时，小斑蜻附着在植物的高处，翅膀收起。它的飞行季节一般在5月到7月，根据栖息地高度的变化而变化。在一些特殊情况下，如气候变化或个体数量过多时，小斑蜻可能会大量迁徙，一齐飞向同一方向，但无确定的目的地。

## 粗灰蜻
*Orthetrum cancellatum*

| 目 | 蜻蜓目 |
|---|---|
| 科 | 蜻蜓科 |
| 体长 | 7.5~8厘米 |
| 分布 | 欧洲 |

粗灰蜻主要分布在欧洲，典型的特征为雄性通体呈天蓝色，雌性呈黄色，腹部有锯齿状花纹；翅膀透明。这是一个十分常见的物种，虽然喜静水水域，但有时也会飞到流水处栖息。它的繁殖期在5月到9月之间，交配（持续约20分钟）后雌性和雄性便分离，雌性将受精卵产到水面上。

十分相似的物种有布鲁灰蜻（Orthetrum brunneum）和碧色灰蜻（Orthetrum coerulescens）。

## 条斑赤蜻
*Sympetrum striolatum*

| 目 | 蜻蜓目 |
|---|---|
| 科 | 蜻蜓科 |
| 体长 | 5~6厘米 |
| 分布 | 亚欧大陆、地中海地区 |

条斑赤蜻主要分布在亚欧大陆、地中海沿岸国家，一直到日本，生活在静水周边，但有时也会远离水环境，飞到草地和树林空地上。条斑赤蜻飞行能力较强，雄性腹部呈红黄色，雌性腹部完全呈棕褐色；繁殖期为7月到9月，发育周期为1年。交配后，条斑赤蜻成对飞行，雌性点水将受精卵产到水中。

相近的物种有黄腿赤蜻（Sympetrum vulgatum）。

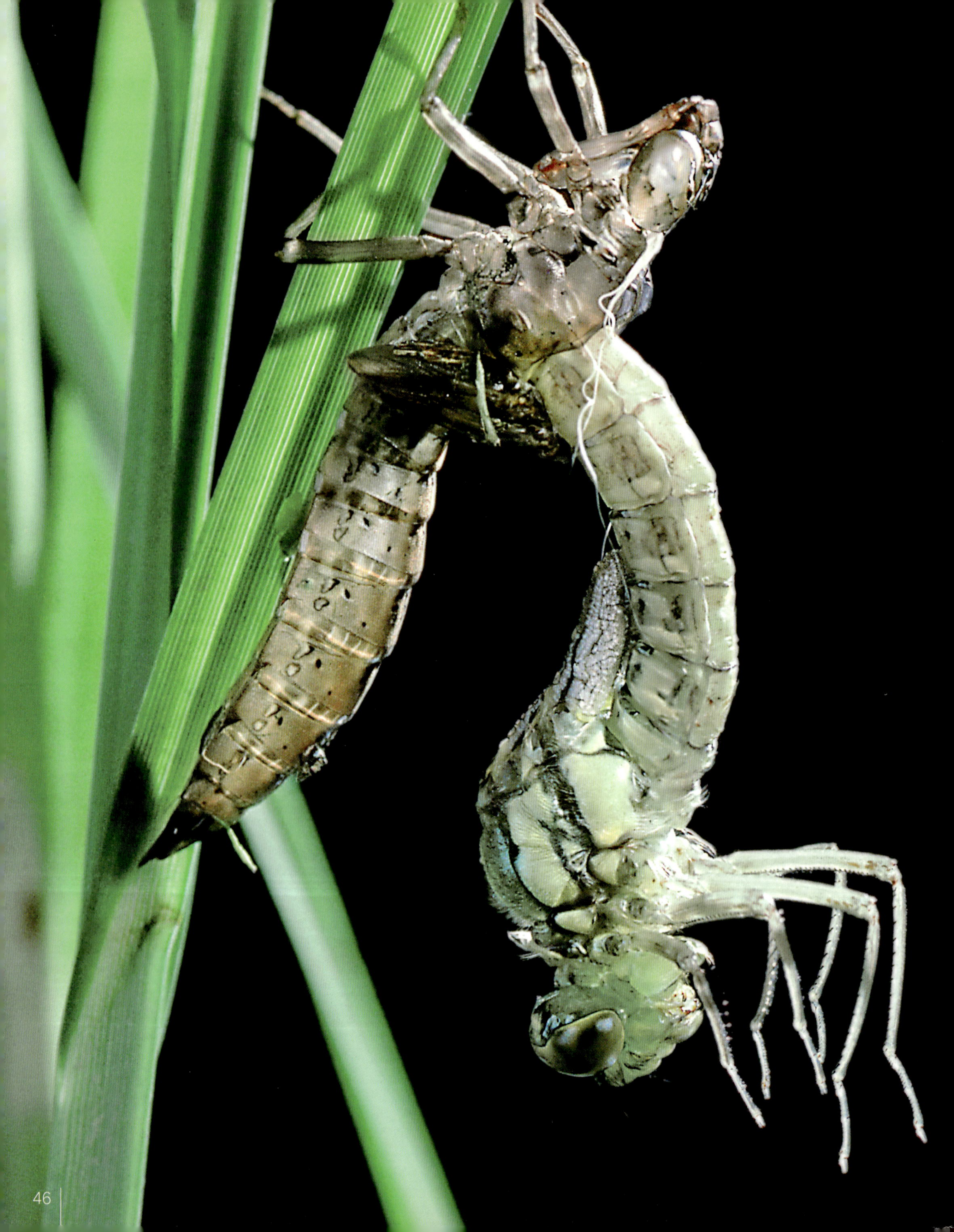

左图：一只蓝晏蜓从蛹阶段过渡到成虫阶段。
下图：不同品种的蜻蜓。

## 蓝晏蜓
*Aeshna cyanea*

| 目 | 蜻蜓目 |
|---|---|
| 科 | 晏蜓科 |
| 体长 | 10～11厘米 |
| 分布 | 亚欧大陆、地中海沿岸 |

蓝晏蜓主要分布在地中海沿岸的欧洲国家和亚洲的广大地区，喜潮湿的静水水域，但也会远离水边，甚至在花园中也很容易遇到蓝晏蜓。蓝晏蜓的形态有几个有趣的特点，如眼睛相连成缝，前额上有一处T形斑块。雄性的腹部呈黑色，后3个体节有明显的绿色和淡蓝色的斑纹；而雌性的腹部呈褐色，有绿色斑纹。蓝晏蜓是飞行能手，但在繁殖季节（7月至9月），雄性飞回水边，保卫自己的领地，同时驱赶同类或异类蜻蜓。雌性在潮湿的植物碎屑、苔藓或湿润的土壤上产卵；幼虫在第二年春天孵化。

相近的物种有艾赫蜓（Hemianax ephippiger）及春蜓科（箭蜓科）昆虫。

## 模式属
*Platycnemis*

| 目 | 蜻蜓目 |
|---|---|
| 科 | 扇蟌科 |
| 体长 | 2.5～3厘米 |
| 分布 | 意大利、欧洲中东部、亚洲、中东地区 |

模式属昆虫主要分布在意大利、欧洲中东部、亚洲、中东地区；在静水水域或流水水域都能够找到它们的身影；喜平原地区。模式属昆虫区别于其他物种的主要特征是拥有胫节，特别是雄性中足及后足的胫节，末端呈披针扁平状。

欧洲的品种有蓝色叶足扇蟌（Platycnemis pennipes, blue featherleg），雄性身体呈蓝色，雌性身体呈赭石绿色；蓝色大足扇蟌（Platycnemis latipes）及锐齿扇蟌（Platycnemis acutipennis）。它们的繁殖期为5月至9月。

## 丽色蟌
*Calopteryx virgo*

| 目 | 蜻蜓目 |
|---|---|
| 科 | 色蟌科 |
| 体长 | 6.5～7厘米 |
| 分布 | 欧洲、非洲北部 |

丽色蟌又名阔翅豆娘，分布在非洲北部和欧洲的广大地域（除欧洲最南部地区外），在意大利很常见。丽色蟌喜干净有氧的流水环境，其幼虫生活在这一水域中。丽色蟌的整个身体都呈现五彩缤纷的颜色，雄性身体呈靛蓝色，翅膀有蓝色的金属光泽，雌性身体呈绿色；翅膀呈褐色。

丽色蟌的行为是人们研究的重点。雄性沿河边选择一块区域作为自己的领地，与其他雄性对抗，将其驱赶出自己的领地。对抗仅表现为追逐飞行，极少有肢体上的冲突。当一只雌性进入雄性的领地时，雄性便开始求偶，以波浪形的"舞蹈"接近雌性，向其展示腹部多彩的斑点，表示接受雌性。雌性若不接受这只雄性，便做出拒绝的回应。雄性飞向领地内适合产卵的地方，雌性跟随，在雄性附近落地。交配持续几分钟，随后雄性离开，雌性去往提前选好的产卵地产卵。

同属的物种还有闪蓝色蟌（Calopteryx splendens），在意大利十分常见，体色鲜艳，静止时翅膀收拢立于背上。

## 二齿勾蜓
*Cordulegaster bidentata*

| 目 | 蜻蜓目 |
|---|---|
| 科 | 勾蜓科 |
| 体长 | 4.5～5厘米 |
| 分布 | 欧洲 |

二齿勾蜓生活在欧洲，在意大利境内十分常见；喜欢寒冷、有氧的流水水域，因此与其他蜻蜓相比，其分布区域较局限，分布区域的海拔最高。它的胸部和腹部呈黑色，并有黄色条纹。它的产卵过程颇特别：雌性持续贴近水面飞行，腹部垂直于水面，多次插入水中，直至将受精卵产到河流底部的沙土中。

相近的属有弓蜓属（Cordula）和金光伪蜻属（Somatochlora），相近的科为弓蜓科（Corduliidae）。

## 天蓝细蟌
*Coenagrion puella*

| 目 | 蜻蜓目 |
|---|---|
| 科 | 细蟌科 |
| 体长 | 4～5厘米 |
| 分布 | 欧洲、非洲北部、亚洲西部 |

天蓝细蟌生活在欧洲（除寒冷地区外）、非洲北部和亚洲西部，在意大利境内有分布。天蓝细蟌喜静水水域及小水湾，在高山池塘、沼泽地、急流转弯处也能见到它的身影，幼虫在这些水域的底部以植物为食。它的身体细长，翅膀半透明。雄性通体呈天蓝色（翅膀也有天蓝色光泽），雌性背部呈黑色或一部分呈蓝绿色。它的繁殖期为5月至9月，但有时在4月便可观察到交尾飞行。

## 翠绿丝蟌
*Chalcolestes viridis*

| 目 | 蜻蜓目 |
|---|---|
| 科 | 丝蟌科 |
| 体长 | 3～3.5厘米 |
| 分布 | 欧洲中东部、非洲北部 |

翠绿丝蟌生活在欧洲中东部、非洲北部海拔在1350米以下的地区，喜静水水域或平坦地区流速较慢的河边。雌性身体闪光绿，幼虫也是如此，而雄性的体色则更接近青铜色。在非繁殖期，翠绿丝蟌离开水边，喜欢躲藏于树叶间；交尾飞行的时间为8月至9月。

## 夜间停战

豆娘的繁殖活动会在傍晚中断，此时雄性暂时取消领地边界，返回小群体中休息；然而，天还未亮时，领地边界又建立起来，每块领地占地约15平方米，雄性会禁止一切蜻蜓的入侵行为。在夜间休息的地方，豆娘一只挨着一只，同时保持一定的距离。如果其中一只雄性距离另一只太近，另一只便会出现与拒绝求偶的雌性相似的行为。

### 长叶异痣螅

*Ischnura elegans*

**目**：蜻蜓目
**科**：细螅科
**体长**：2.5~3厘米
**分布**：欧洲、亚洲

长叶异痣螅分布于亚欧大陆的广大地区，喜水流缓慢的水域、急流转弯处、沟渠、死水或暂时性的池塘，常见于平原地区，高山上也会见到它。它的身体细长，翅膀透明。雄性胸部呈天蓝色，腹部呈绿色，接近腹部末端处有蓝色斑点；雌性一般通体呈绿色，伴有金色光泽。它的繁殖期为5月至10月，雌性通常将卵产在漂浮的水生植物上面。

# 直翅目

**蟋蟀与蚱蜢：跳远冠军**

善于拟态，精于"歌唱"，蟋蟀和蚱蜢因其特有的动物行为而被人们所熟知和欣赏。但某些物种，如蝗虫，则会给农民带来巨大的损失。

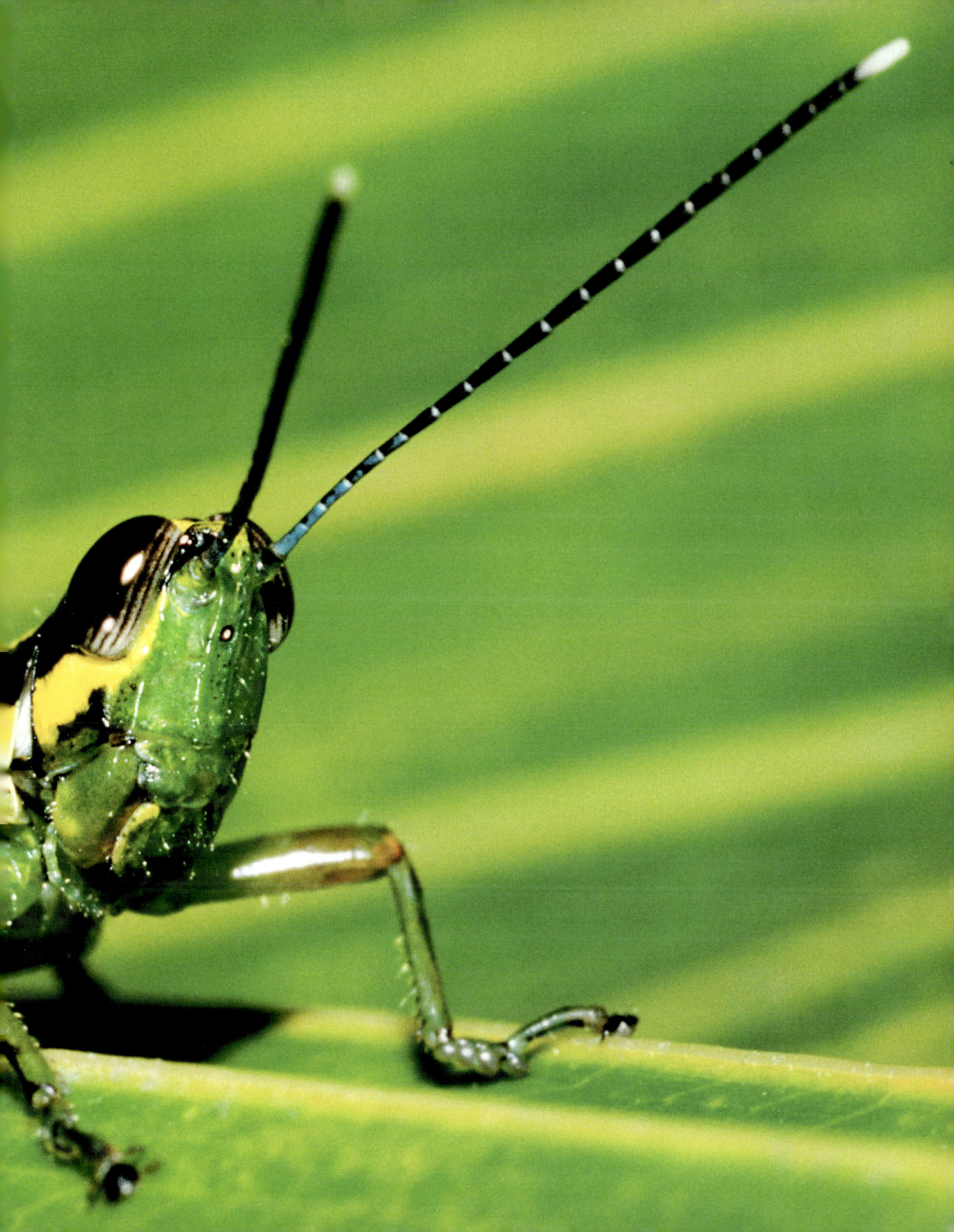

上页图片：大绿灌丛蟋蟀；本页图片：疣谷盾蝨

# 简介

　　直翅目包括2万余种大中型陆生昆虫，它们都有矮胖的圆柱形身体、咀嚼式口器，触角有的呈长丝状，也有的呈短粗形；复眼十分发达（少数生活在地下的物种除外）；前两对足用于行走，最后一对足细长，股节粗壮，用于跳跃。一般来说，直翅目昆虫有两对翅膀，前翅狭长、革质，称为覆翅；后翅较宽、膜状，部分物种的后翅色彩鲜艳。非常重要的一点是，直翅目昆虫的腹部具有听觉器官，在股骨处或在前翅根部具有发声器。直翅目下有螽亚目（肉食性，包括蟋蟀及近似物种）、蝗亚目（草食性，包括蚱蜢及蝗虫）等。

### 谁在那儿？

在"歌唱表演"期间，雄性蟋蟀十分警惕周围的环境，一点点风吹草动都会让它们立即收声，返回巢穴中。但如果"表演"是被另一只雄性蟋蟀打断的，则被打扰者会进入异常凶猛的战斗状态，发出守护领地的尖鸣声，进攻并驱逐打扰者。

## 田野蟋蟀
*Gryllus campestris*

目：直翅目
科：蟋蟀总科
体长：1.7～2.5厘米
分布：欧洲

田野蟋蟀分布在整个欧洲地区，生活在草地、草本植物、林中空地中，通常也能在平原和山地的园林中遇到它。田野蟋蟀通体呈亮黑色，有复眼，触角细长；后肢发达，适于跳跃。初春时节，田野蟋蟀刚发育完全时，便开始在土壤中挖掘通道，构建简单的洞穴，白天栖息于其中。日落后，田野蟋蟀便从洞穴中爬出觅食，主要以树叶、植物种子、根茎和果实为食。虽然它很贪吃，但对农作物没有任何损害。

5月是田野蟋蟀的交配季节，雄性开唱求偶之歌，夜夜不停直至7月。"歌曲"是由一个音调构成的，雄性不停重复，从不厌烦。雌性为"歌声"所吸引，爬出洞穴寻找雄性交配；交配完成后，在土壤中产卵。孵化出的幼虫外形和成虫相似，经历7~8次蜕皮后，在秋天挖掘洞穴，为冬眠做准备。第二年3月，幼虫返回地面，在5月之前完成发育过程。

## 家蟋蟀
*Acheta domestica*

目：直翅目
科：蟋蟀总科
体长：1.7～2厘米
分布：全世界

家蟋蟀遍布全世界，生活在人类住宅、仓库、牛棚和马厩中，喜温暖的房间，白天躲藏于其中。家蟋蟀通体呈暗黄色，有褐色斑点，身体结实，后肢发达。生活在住宅中的家蟋蟀可能会因其贪食而给人类造成一些损失。它主要吞食人类的食物、羊毛制品、纺织物、纸张等，仅在夜间觅食。

雄性家蟋蟀会发出十分优美的鸣唱，吸引雌性前来交配。和田野蟋蟀一样，雄性家蟋蟀在交配季节对其他雄性的攻击性极强。

雌性将受精卵产在土壤中，幼虫在12次蜕皮后发育至成虫阶段。然而对于生活在人类住宅中的家蟋蟀，由于有暖气的缘故，其生命周期显著缩短，通常与季节变化的关系不大。

## 欧洲巨蝼蛄
*Gryllotalpa gryllotalpa*

目：直翅目
科：蝼蛄科
体长：5~6厘米
分布：欧洲、亚洲西部、非洲北部、北美洲

欧洲巨蝼蛄分布在欧洲、亚洲西部、非洲北部和北美洲，生活在土壤中。它的体型巨大，触角极细，身体前部十分发达，呈盔甲状；前足的股骨特化成铲状，有大量突起，便于挖掘；通体呈棕色，便于隐藏于土壤之中。

欧洲巨蝼蛄十分贪食，对农作物有较大的损害，因为它在地下挖掘通道时，会损毁植物的根部。欧洲巨蝼蛄以其他昆虫及其幼虫、蠕虫、植物的根茎等为食，喜食甜菜。欧洲巨蝼蛄不善飞行，夜间活跃。它的繁殖季节为4月至5月，其间雄性鸣唱以吸引雌性，交配后，两性一同挖掘土壤，打造"婚房"，雌性在其中产卵。

## 穴螽属
*Troglophilus*

目：直翅目
科：驼螽（穴螽科）
体长：1.8～2厘米
分布：欧洲

穴螽属昆虫分布于欧洲大陆，体型较大，无翅膀，视力低下，触角极长，体色苍白；生活在玄关附近的墙洞中，群居，在夜间觅食，为杂食性昆虫。

在阿尔卑斯山脉东侧分布有普通洞穴蟋蟀（Troglophilus cavicola, common cave-cricket）和微穴螽（Troglophilus neglectus）两个物种，分布范围直至克罗地亚达尔马提亚地区和希腊。1999年，人们在位于意大利普利亚大区的洞穴中发现了亚等里亚穴螽（Troglophilus andreinii）的存在。

## 苜蓿长足虻
*Dolichopoda ligustica*

目：直翅目
科：驼螽（穴螽科）
体长：2～2.5厘米
分布：地中海沿岸的欧洲国家

苜蓿长足虻分布于地中海沿岸的欧洲国家，喜山区和山麓地区。苜蓿长足虻生活在洞穴中，白天群居，数量巨大。它的体色苍白，与其他生活在地面的物种相比，苜蓿长足虻的视力极差，但作为补偿，它的触角可长达10厘米，且触觉相当灵敏，步足也很长。苜蓿长足虻为杂食性昆虫，会利用夜晚黑暗和潮湿的特点（与其生活环境类似）外出觅食。

## 真树螽属
*Pterophylla*

目：直翅目
科：螽斯科
体长：3～6厘米
分布：美国

真树螽属昆虫分布于美国，形似树叶，身体和翅盖呈绿色，模仿常见树叶的形状和叶脉结构；第二对翅膀不发达，不适于飞行，所以多行走移动；如果被打扰，便将翅膀作为"降落伞"，任由自己落到地面。茶树真树螽（Pterophylla camellifolia）是该属中最著名的物种，它的体色和外形都在模仿山茶树的树叶。

## 疣谷盾螽
### Decticus verrucivorus

**目**：直翅目
**科**：螽斯科
**体长**：3~4厘米
**分布**：意大利

疣谷盾螽在意大利境内分布特别广泛，尤其是在阿尔卑斯山脉和亚平宁山脉地区，生活在海拔2000米以下的农田、草地和有低矮杂草的荒地环境中。它的体色为绿色或褐色，部分个体为微红或淡粉色；翅盖有深色的缺口，最长可达3.5厘米。雄性的尾须呈锯齿状，雌性的产卵器长约2厘米。疣谷盾螽的拉丁语学名中的"verrucivorus"说明了这个物种的特性——当疣谷盾螽用力咬住食物时，会从口中流出深色的液体，根据古老的坊间传言，这种液体可用于去除瘤子（verrucca）。雄性的求偶鸣声为短暂的单一音调，穿透力强，但它仅在白天，特别是温度较高、阳光充足的时段鸣叫。疣谷盾螽一般以小麦为食，也食用药草和三叶类植物。疣谷盾螽有时成群出现，数量庞大，会对农作物有巨大的损害。

## 硕螽蟴
### Ephippiger ephippiger

**目**：直翅目
**科**：螽斯科
**体长**：2.8~3厘米
**分布**：欧洲中东部

硕螽蟴分布于欧洲中东部，在亚平宁半岛上也分布较广，一般生活在干燥未开垦的地区，常见于灌木丛附近。硕螽蟴的翅膀萎缩，因此不善飞行；身材矮胖，体色既有浅绿色，也有浅黄色或铁锈色；触角十分细长。

硕螽蟴以树叶、嫩芽和花朵为食。夜间，雄性发出有特征的鸣叫声以吸引雌性，交配后雌性使用长长的产卵管将卵产在地面的小孔中。幼虫于第二年5月破壳而出，绿色的身体形态已经与成虫类似，于7~8月发育成熟。由于不会形成数量巨大的群体，所以硕螽蟴通常不会对农作物有损害。

## 大绿灌丛蟋蟀
### Tettigonia viridissima

**目**：直翅目
**科**：螽斯科
**体长**：2.8~4.5厘米
**分布**：亚欧大陆、地中海沿岸国家

大绿灌丛蟋蟀分布于亚欧大陆和地中海沿岸国家，喜树林和灌木丰富的环境。和其他螽斯科昆虫一样，大绿灌丛蟋蟀属于螽斯亚目，该亚目物种都具有特别细长的触角和长长的产卵管。大绿灌丛蟋蟀的产卵管呈军刀形，长3厘米。绿色闪光的幼虫能很好地隐藏在草地、灌木丛和树木的簇叶中。

大绿灌丛蟋蟀为杂食性昆虫，主要以树叶、嫩芽和体型较小的昆虫及其幼虫为食。交配完成后，雌性在地面上挖掘小洞，随后将卵产于洞中。在这些小洞中，受精卵受到土壤热量的保护，第二年春天破壳而出，幼虫身体形态与成虫类似。这时，可在农田和草地中观察到大绿灌丛蟋蟀从一根草尖跳到另一根草尖上。大绿灌丛蟋蟀完成6次蜕皮后发育成熟，跳入树丛中，并在树上度过余生。

## 鸣螽斯
### Tettigonia cantans

**目**：直翅目
**科**：螽斯科
**体长**：2.5~2.8厘米
**分布**：意大利

鸣螽斯分布于意大利海拔1500米以下的地区，通体呈绿色，善于伪装。鸣螽斯因其雄性的鸣叫声而广为人知，也是昆虫学者大力研究的对象。雄性的鸣叫一般在下午时分至深夜进行，白天的鸣叫声为尖锐的单一音调，持续约1~5秒，逐渐增大音量，之后不断重复。天气较热时，鸣叫声就带有"嗞嗞"的声音；而晚上气温下降，鸣叫声变为颤音，可持续1分钟以上。

## 白额螽斯
### Decticus albifrons

**目**：直翅目
**科**：螽斯科
**体长**：3~4厘米
**分布**：意大利

白额螽斯分布于整个意大利境内，包括周边海岛，喜干燥环境，如低矮的植物丛、草地、荒地和农田。白额螽斯是一种粗壮的昆虫，体色为褐色，头部巨大；身体前部的两侧呈深色叶状，边缘呈米色；翅盖长，具颜色深浅不一的切口；翅膀呈淡烟熏色。雄性的尾须呈锯齿状。成虫善于飞行，以植物和其他昆虫为食，幼虫以禾本科植物为食，因此对农业有害。人们可以在7月至9月观察到成虫。

## 孤雌亚螽
### Saga pedo

**目**：直翅目
**科**：螽斯科
**体长**：7~8厘米
**分布**：地中海沿岸国家

孤雌亚螽分布于地中海沿岸国家，喜干燥地区的草本植物或灌木环境。它无翅膀，步足长而纤细，具有倒刺；产卵管发达，可长达4厘米。孤雌亚螽为肉食性昆虫，习惯用长满倒刺的前足捕捉猎物，多在夜晚活动于陆地和灌木丛中，行动较缓慢。孤雌亚螽的繁殖方式在直翅目昆虫中极为罕见，为孤雌生殖而非有性生殖，也很少见到雄性个体。

一只大绿灌丛蟋蟀栖息在蓟花之上。一般来说，所有有翅膀的直翅目昆虫都具有强劲的后足用于跳跃。

## 小夜曲

大绿灌丛蟋蟀的鸣叫声仅出现在夏季炎热的夜晚，雄性不断发出尖鸣声以吸引雌性。然而，一旦气温下降到12摄氏度以下，大绿灌丛蟋蟀的鸣叫就会因寒冷而立即停止，行动变得迟钝、静止，直到阳光重回大地，它才会恢复体力。

# 沙漠蝗虫
## *Schistocerca gregaria*

| | |
|---|---|
| 目： | 直翅目 |
| 科： | 蝗总科 |
| 体长： | 6~7厘米 |
| 分布： | 非洲、亚洲 |

沙漠蝗虫生活在非洲和亚洲的干旱地区，但有时也可成群顺风迁徙到欧洲沿海地区。这种体型巨大、健壮的蝗虫体色为赭褐色，翅盖上有黑色斑点。它能够在28~43摄氏度的环境中生活，独居时会穿梭在田野间觅食。

沙漠蝗虫独居生活几代之后，特殊的环境条件会使它们不断聚集，开始群居生活并加强繁殖活动。在这一阶段诞生的幼虫体色更深、体型更大，任何活动都是群体同时进行的。发育至成虫阶段后，沙漠蝗虫便开始快速迁徙，如果顺风飞行，迁徙速度可以达到45千米/小时，并破坏沿途的所有植被。沙漠蝗虫聚集行为的顶峰过后，繁殖活动减弱，此时新诞生的幼虫不再有聚集行为。

蝗虫形成数量庞大的群体，会对农业生产造成不可估量的损失。

## 它们还是老样子

"它们（蝗虫）的外表形似战马，……，它们的触角如同女人的秀发，它们的牙齿却好似狮子的利齿，……，它们的尾巴如同蝎子的毒刺，可使为之所伤的人们痛苦5个月。"《圣经》中是如此形容蝗虫的，它们的国王是"堕落天使"，在希腊语中名为"歼灭者"。尽管已经过去了千百年，但蝗虫在部分国家的破坏力依旧存在：它们不断聚集，形成几百万只个体的庞大蝗虫群，能够摧毁所到之处的所有植物。

# 摩洛哥戟纹蝗
## *Dociostaurus maroccanus*

| | |
|---|---|
| 目： | 直翅目 |
| 科： | 蝗总科 |
| 体长： | 2.8~3厘米 |
| 分布： | 地中海沿岸国家 |

摩洛哥戟纹蝗分布于所有地中海沿岸国家，在聚集阶段体色为黄赭色，在独居阶段则为绿色；胸部有一个暗黄色的十字，因此而得名。摩洛哥戟纹蝗以各种蔬菜、树叶和嫩芽为食，会大量吞食。在意大利，这种蝗虫的数量巨大，尤其是在普里亚大区，因此是研究如何抑制蝗虫聚集行为的最佳对象。

# 飞蝗
## *Locusta migratoria*

| 目: 直翅目 |
|---|
| 科: 蝗总科 |
| 体长: 3.5~7厘米 |
| 分布: 非洲、亚洲、意大利 |

飞蝗具有强大的破坏力，因此在非洲和亚洲国家臭名昭著。然而，尽管飞蝗在意大利境内有分布，却从未出现过危险的聚集状态。同其他蝗虫一样，飞蝗生活在田野间。从形态来看，飞蝗有两种体型：一种是独居体型（长3.5~4厘米），另一种是群居体型（长6.7~7厘米）；可以根据其幼虫的体色加以区分，幼虫的体色从开始的沙土色逐渐变深，逐渐呈现聚集的趋势。独居成虫主要以草本植物为食，但群居成虫会吞食所有的植物，破坏力极强。飞蝗独居时，交配季节为春季和夏季，雌性产卵后，第二年春天幼虫出生，于夏季发育至成虫阶段。

## 乌饰蝗
### *Psophus stridulus*

| 目: 直翅目 |
|---|
| 科: 蝗总科 |
| 体长: 2.8~3厘米 |
| 分布: 阿尔卑斯山脉、亚平宁山脉北部 |

乌饰蝗广泛分布于阿尔卑斯山脉和亚平宁山脉北部山区，体型粗壮，体色为褐色。乌饰蝗的主要特点在于其不规则的飞行方式，会骤然转向和突然减速，这有利于它快速逃脱捕食者的追捕。乌饰蝗飞行时会发出刺耳的鸣叫声，声音来源于支撑翅膀的骨骼与翅盖下表面的高速摩擦。乌饰蝗对农作物完全无害。

## 蓝斑翅蝗
### *Oedipoda caerulescens*

| 目: 直翅目 |
|---|
| 科: 蝗总科 |
| 体长: 2~2.5厘米 |
| 分布: 阿尔卑斯山脉 |

蓝斑翅蝗分布于阿尔卑斯山脉附近的国家，得名于其后翅内侧的天蓝色斑纹，生活在干旱、多石灌木丛生的地区，可于夏季观察到它张翅远跳。人们会因蓝斑翅蝗突然跳起而受到惊吓，因为静止时，蓝斑翅蝗能够利用身体上的淡灰色斑纹完美模仿岩石的形态。蓝斑翅蝗对农作物无害且无群居形态。

相近的物种有赤翅蝗（*Oedipoda germanica*）。

## 埃及蚂蚱
### *Anacridium aegyptium*

| 目: 直翅目 |
|---|
| 科: 蝗总科 |
| 体长: 6.5~7厘米 |
| 分布: 地中海沿岸国家 |

埃及蚂蚱分布于地中海沿岸国家，生活在植被稀疏、灌木丛生、气候炎热的地区。值得一提的是，尽管埃及蚂蚱是世界上体型最大的蚂蚱之一，却很少对农作物造成巨大的损害，因为它总是处于独居形态。与其他直翅目昆虫不同的是，埃及蚂蚱在交配期间，是雌性不断振动翅膀向雄性求偶的。

相似的物种有欧洲剑角蝗（*Acrida mediterranea*）、长头蝗（*Acrida turrita*）和二色剑角蝗（*Acrida bicolor*）。

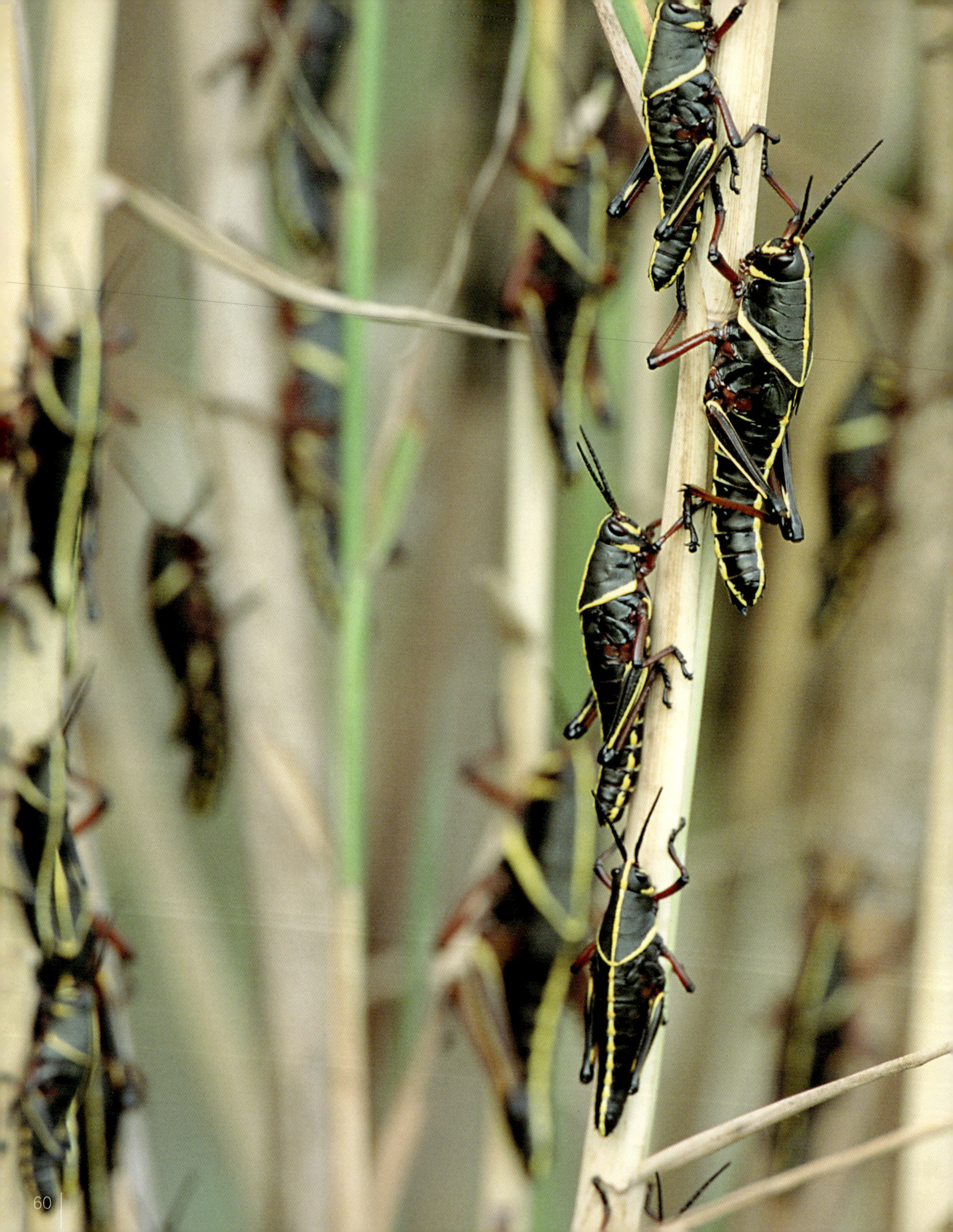

小翅苯蝗（Romalea microptera）的幼虫体色基色为黑色，装饰有红色和黄色条纹。这种蝗虫分布于美国中部及东南部，生活在松林或公路边的田地中。小翅苯蝗不善飞行，行动缓慢，只能在小范围内进行短距离跳跃。为了防范敌人，小翅苯蝗具有多种防御方式，如利用胸部分泌出的刺激性物质保护自己。

# 竹节虫目、螳螂目、革翅目、蜚蠊目、蛩蠊目

## 从螳螂到蟑螂：适应生存

从能够完美模仿嫩枝或树叶的竹节虫，到捕食效率极高的螳螂，再到随处可见的欧洲球蜚，最后到人人厌恶的蟑螂，这是一次值得关注的"昆虫快闪"。

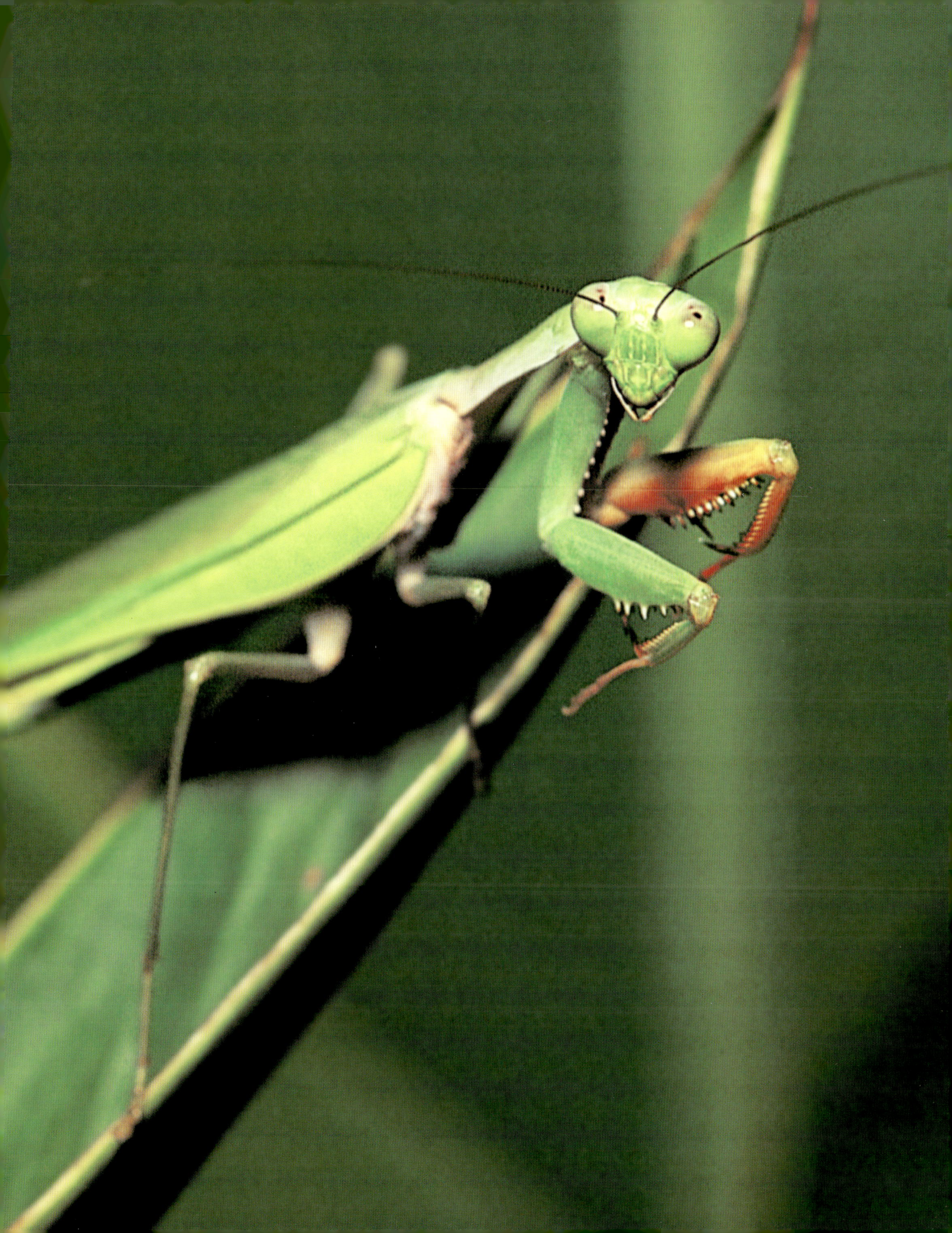

上页图片：合掌螳螂；本页图片：非洲魔花螳螂

## 简介

　　竹节虫目包括2000余种不同身体形态的昆虫,它们具有惊人的拟态能力,可以模仿树枝、花朵或树叶;它们虽然有翅膀却不善飞行,喜欢停留在树叶之中。螳螂目昆虫则是凶猛的捕食者,它们的第一对前足已演化成抓捕猎物的有效工具,甚至连雄性(体型比雌性小很多)也会在交配后变成饥饿的雌性补充体力的能量来源。革翅目昆虫以欧洲球蜚为代表,可以从后腹部的一对钳状附肢将其辨认出来,这对"钳子"既是防御武器,也是捕食工具。蜚蠊目有4000多种蜚蠊和蟑螂,多在夜间活动。与蜚蠊目相近的是螳蠊目,其物种的形态比蜚蠊目昆虫更加原始。

# 合掌螳螂
*Mantis religiosa*

| 目 | 螳螂目 |
|---|---|
| 科 | 螳科 |
| 体长 | 6~7.5厘米 |
| 分布 | 欧洲南部、欧洲中部 |

合掌螳螂分布于欧洲南部和中部，通体呈绿色或棕褐色，这与它所生活的环境有关，它喜欢生活在树枝或灌丛间，在阳光充足的地方它则栖息在草茎间。合掌螳螂最典型的姿势是头部、胸部和前腹部直立，前足在头前合十，如同正在祷告的教徒（其名字中的"合掌"便由此而来）。合掌螳螂会利用完美的拟态完全静止地守候猎物自己上门，以昆虫和其他无脊椎动物为食。当猎物闯入合掌螳螂的视线时，其前足（又称捕捉足）会快速出击，不给猎物任何逃脱的机会。

合掌螳螂的繁殖期为8月下旬。雄性从雌性后方谨慎地接近，以防被雌性一口吞掉；实际上，雌性在交配情景下较为随和，允许雄性接近并抓住自己进行交配。交配完成后，雌性将由粗壮卵鞘包裹的受精卵产于草丛或荆棘中。幼虫呈淡绿色，于第二年春末破壳而出，此时它已经具有成虫的身体形状，具有强大的掠食本能，经过多次蜕皮后可发育至成虫阶段。

## 致命的雌性

雌性合掌螳螂的捕食过程十分精彩，它能够准确判断猎物的位置和体型，之后便快速出击，用前足抓住猎物。雌性的猎食天性特别强，而体型较小的雄性也意识到交配后被捕食的危险，在交配完成后尽量远离雌性，但基本逃脱不出雌性的掌心。雌性会毫不犹豫地吞食雄性，以弥补产卵所消耗的大量能量。

## 欧洲锥螳
*Empusa pennata*

| 目 | 螳螂目 |
|---|---|
| 科 | 锥头螳科 |
| 体长 | 6~7厘米 |
| 分布 | 欧洲南部 |

欧洲锥螳分布于欧洲南部，在意大利境内主要分布于亚平宁山脉附近、西西里岛和撒丁岛，喜干燥炎热、植被稀疏的地区。欧洲锥螳的头部较小，头顶的两触角间有一块锥状突起，雄性的突起呈长长的羽毛状。幼虫无翅膀，成虫有翅膀，幼虫呈棕色或杂色。雌性不会残食雄性。与其他螳螂不同的是，欧洲锥螳的幼虫在冬季来临前破壳，并以幼虫形态度过严寒。

### 欧洲矮螳螂
*Ameles abjecta*

| 目 | 螳螂目 |
|---|---|
| 科 | 螳科 |
| 体长 | 1.7~2.7厘米 |
| 分布 | 欧洲南部、非洲北部、亚洲西南部 |

欧洲矮螳螂生活在气候干燥的灌木环境中，分布于欧洲南部、非洲北部和亚洲西南部。根据所模拟环境的不同，欧洲矮螳螂的体色可以是绿色或棕色。欧洲矮螳螂是螳螂科昆虫中二态性最明显的一种，雄性体型细长，翅膀发达，善于飞行；雌性腹部臃肿，复眼巨大，捕捉足股骨发达，翅膀退化为残肢。

### 兰花螳螂
*Hymenopus coronatus*

| 目 | 螳螂目 |
|---|---|
| 科 | 花螳科 |
| 体长 | 3~7厘米 |
| 分布 | 印度尼西亚、马来西亚 |

兰花螳螂生活在印度尼西亚和马来西亚的热带雨林中。雌性的体色为乳白色，带有棕色条纹，其股节巨大且颜色鲜艳，粉色与紫色相间。兰花螳螂的外表十分特殊，可以完美模仿所栖息的花朵的外形。雄性体型较小（体长不到雌性的一半），善于飞行。由于兰花螳螂拥有极特殊的拟态机制，很难通过改变身体构造以适应新的环境，所以任何环境的变化都会对这个物种产生致命的影响。

### 魔花螳螂
*Idolum diabolicum*

| 目 | 螳螂目 |
|---|---|
| 科 | 螳科 |
| 体长 | 12~15厘米 |
| 分布 | 非洲 |

魔花螳螂有着迷人的外形和鲜艳的颜色，可以完美模仿花朵盛开的样子。魔花螳螂的大部分时间用于等待猎物，仅用一对步足便可牢牢抓紧树枝或灌木的枝叶，保持静止，同时伸展其他步足模仿小枝杈。值得注意的是，其捕捉足的颜色尤其鲜艳，十分显眼，可伪装成花瓣的一部分，它就利用这个优势吸引猎物，如苍蝇或蝴蝶。

## 竹节虫
*Bacillus rossii*

| 目 | 竹节虫目 |
|---|---|
| 科 | 杆竹节虫科 |
| 体长 | 4~10厘米 |
| 分布 | 地中海沿岸国家 |

竹节虫在意大利十分常见，尤其是中南部地区，生活在荆棘植物上并以此为食。竹节虫的身体构造特殊，能将自己完全伪装成树枝的形态。在竹节虫生活的环境中很难发现它，它尽可能保持静止，或行动十分缓慢。竹节虫静止时，身体变硬并悬在枝杈上随风摇摆，如同小树枝一般。雄性的体型远小于雌性，体长大约是雌性的一半。竹节虫通体呈褐色或暗绿色，与其所处环境的相关；不善于飞行，在夜间活动。

法国竹节虫（Clonopsis gallica）有着同样的生活习性和身体形态，在意大利也有分布。

## 叶䗛
*Phyllium bioculatum*

| 目 | 竹节虫目 |
|---|---|
| 科 | 叶竹节虫科 |
| 体长 | 10~12厘米 |
| 分布 | 亚洲东南部 |

叶䗛是典型的亚洲东南部的昆虫，生活在树丛或灌木丛中，利用强大的拟态和保持静止的能力，可将自己完美地隐藏于树叶之中。叶䗛的身体宽阔、扁平，步足上有延展的附肢，可模仿为一片完整的树叶。它的体色是鲜绿色，身体中央凸起的部分甚至模仿的就是树叶的叶脉。叶䗛的卵也是模仿高手，呈脊状，凹凸不平，形似植物的种子。幼虫的体色为艳红色，但在破壳几天后就慢慢变为绿色，与环境颜色一致，难以辨别。

相近的物种有巨叶䗛（Phyllium giganteum，如上图所示），以及东方叶䗛（Phyllium siccifolium），因其体色和形状酷似枯叶，也称"枯叶虫"。

## 欧洲球蠼
*Forficula auricularia*

| 目 | 革翅目 |
|---|---|
| 科 | 蠼螋科 |
| 体长 | 1~1.5厘米 |
| 分布 | 全世界 |

欧洲球蠼如今已经遍布全球，喜农业环境，但在人类住宅和仓库中，尤其是农村，也能发现它的踪迹。欧洲球蠼的体色为亮褐色，十分好动，腹部末端有一对尾铗，其实是一对铗状尾须，用于捕捉小型昆虫，进食时抬起尾铗，将食物送至背部的口中。尾铗还可用于防御。欧洲球蠼主要以植物和人类食品为食。它的前翅为革质，覆盖于后翅之上，后翅很少用于飞行，善于爬行。

欧洲球蠼的繁殖季节为秋季，交配完成后雌性在地上挖洞穴，与雄性一起冬眠。第二年春天产卵，雄性离开，雌性保护洞穴直至幼虫能够生活自理。此时，雌性死去并被幼虫吞食，幼虫开始进入成虫阶段。

## 张球蠼
*Anechura bipunctata*

| 目 | 革翅目 |
|---|---|
| 科 | 蠼螋科 |
| 体长 | 1~1.5厘米 |
| 分布 | 比利牛斯山脉、阿尔卑斯山脉中西部、意大利格兰萨索地区、亚洲 |

张球蠼分布于巴尔干地区、亚洲高地、比利牛斯山脉、阿尔卑斯山脉中西部和意大利格兰萨索地区，喜海拔1500~2000米的山地环境。张球蠼体型粗壮，体色为褐色，典型特征为尾部弯曲的尾铗和前后翅上暗黄色斑点。雌性将卵产在石头下面，但父母并没有抚育责任，仅仅为即将出生的后代留下些许食物。

## 溪岸蠼
*Labidura riparia*

| 目 | 革翅目 |
|---|---|
| 科 | 姬蠼螋科 |
| 体长 | 2~2.8厘米 |
| 分布 | 地中海地区、欧洲中部直至北海 |

溪岸蠼分布于地中海地区及欧洲中部直至北海的广大地域，多见于海岸城市。它在沙子中挖掘洞穴，夜间觅食，主要以植物和腐烂的动物尸体为食。溪岸蠼体型粗壮，体色为褐色，两根尾须十分发达，尤其是雄性。溪岸蠼惯于使用触角探索周围环境，以寻找食物。

同属的物种还有圣赫勒拿蠼螋（Labidura herculeana），长约8厘米。在圣赫勒拿岛有极少量个体，但部分动物学家认为这一物种已经灭绝。

## 蛩蠊
*Grylloblatta*

| 目 | 蛩蠊目 |
|---|---|
| 科 | 蛩蠊科 |
| 体长 | 2~3厘米 |
| 分布 | 北美洲 |

蛩蠊既有蛩蠊目的特征也有蟋蟀的特征，生活在北美洲的山地地区，栖息地在永久雪线之下。蛩蠊的体色为浅黄色或淡褐色，身体扁平，通常隐藏于峭壁或山谷中。蛩蠊在夜间活跃，以小型动物和植物为食。雌性在交配1年后产卵，幼虫1年后破壳，5年后发育至成虫阶段。

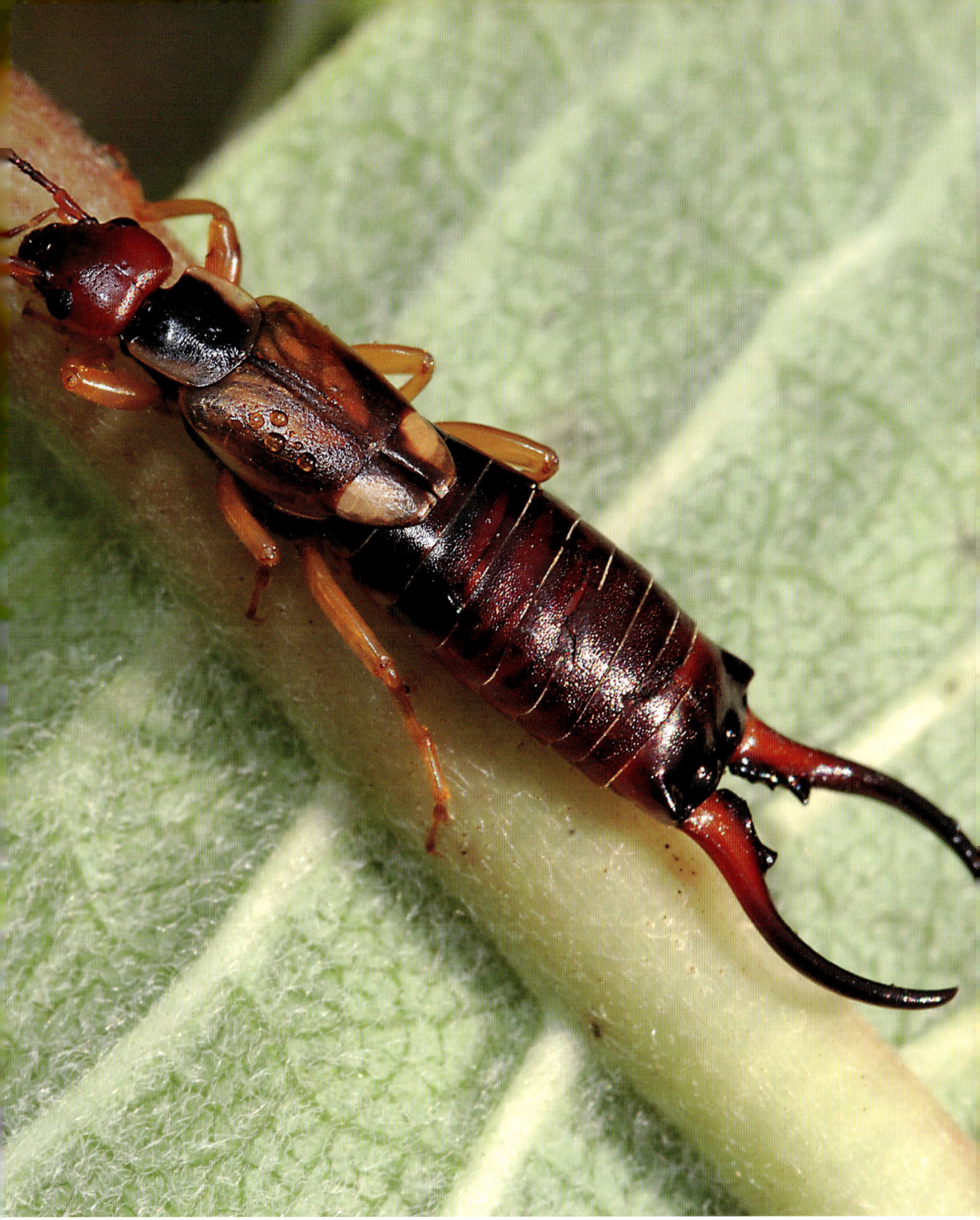

欧洲球蜚栖息在长寿花上。强劲的尾铗其实是身体末端的尾须,除可用作捕食工具外,还是最好的防御武器。

71

聚焦

# 捉迷藏

## 昆虫的拟态行为

"拟态"一词在动物学中指的是某些物种模仿周围生态环境，或在某些情况下模仿其他生物的能力。拟态的目的有两个，一个是逃脱捕食者的追捕；另一个则与之相反，即迷惑并出其不意地捕获猎物。昆虫是真正的拟态高手。

拟态的策略既可以是行为上的，也可以是体态上的，比如改变体表颜色或身体形状，或者附肢分化成特殊的形态，以及部分昆虫外表具有有明确意义的花纹。

## 拟态的类型

### 贝茨氏拟态与缪勒拟态

贝茨氏拟态指的是无毒的昆虫模拟有毒物种的颜色或体态（如右图的帝王斑蝶），使捕食者对其敬而远之或认为其口味不佳。实际上，有毒物种的体色通常呈红色或橙色（所谓的"警戒色"），用于警告其他物种自己具有危险性。

缪勒拟态则指的是不同科的"危险"物种处于同一环境中，具有相同外形的拟态现象。这样捕食者就会辨识它们，而后规避它们。

### 隐蔽拟态（模仿）

若一特定物种能够几乎完美地隐藏于所生存的环境中，则称之为"隐蔽拟态"。这种拟态有两种体现：一是对环境颜色的模仿，如枯叶蛱蝶形似枯叶（见左图）；二是除颜色外，对栖息地常见元素的模仿，如竹节虫和叶蟥及部分蟋蟀形似树叶，多数夜间活动的蝴蝶形似所栖息树木的树皮。

### 进攻性拟态

部分昆虫能够完美模拟猎物的外貌（如左图的蚂蚁模仿蜜蜂的外貌），从而混入猎物之中而不被察觉，而后顺利捕捉猎物。多数寄生虫也以这种方式作为伪装，尽可能模仿寄主的形态和颜色，以期能够安心地生活在寄主身上或体内。

## 拟态高手

**螳螂**

合掌螳螂栖息于树木枝叶及灌木丛中，能够完美模拟周围环境，静待猎物上门。热带物种（见左图，兰花螳螂）呈淡粉色或紫色，步肢膨胀，形似花瓣，在花朵中保持静止，从而不被猎物发觉，猎物就这样在未察觉的情况下落入其"魔爪"之中。

**天蛾科**

某些蛾类，如巨夜蛾属（Thysania）蛾类、甘薯天蛾（见左图，学名为Agrius convolvuli）等，其翅膀的上表面如树皮一般，颜色也与树皮常见的棕色和灰色花纹相仿，因此当它们张开翅膀静静地栖息在树干上时，就像隐身了一样。

**尺蛾科**

此类昆虫模仿的是它们所栖息的树枝的形状和颜色。它们休息的姿势十分特别：将身体的后部附于树枝上，并用一根丝悬挂自己，让自己看起来像是树枝的分叉（见左图）。

## 惊艳的蝴蝶

某些蝴蝶具有美丽的翅膀，翅膀上的图案在一些情况下是吸引异性的特有方式，在另一些情况下则是自我防卫的有效工具。多数情况下，这些蝶类活动缓慢，不善飞行（如刺蛾属和大蚕蛾科昆虫），它们的翅膀下表面模拟树叶的颜色，同时上面有完整的纹路，甚至还有树木生病时才有的白色小斑点。当这类昆虫将翅膀收起，静止于树枝上时，近乎隐形，但也很可能引起鸟类的怀疑，想要啄一下尝一尝，因为看起来很好吃的样子。此时，这类蝴蝶就会自由下落，同时突然张开翅膀，向鸟类展示一张吓人的"脸"，"脸"上有一对瞪得巨大的"眼睛"；利用捕猎者惊呆的片刻，蝴蝶缓慢行动，落在另一根树杈上，继续模仿树叶。

## 树叶与树杈

**竹节虫**

竹节虫（见下图）身体细长，呈褐色或暗绿色，形似细枝，能够保持绝对的静止；有风吹过时，随树枝摇摆。它拟态的目的就是逃脱捕食者的追捕。

**叶螭**

除通体呈绿色或红褐色、体形似树叶外，叶螭的身体扁平，附肢较多，其上有细微的纹理，就像树叶的叶脉。它通过模仿周围环境防止被捕食。

## 不存在的武器

许多无害的昆虫利用伪装使自己看起来极度危险。这当中的佼佼者是杨干透翅蛾（学名为Sesia apiformis）。它的幼虫将自己完全伪装成黄蜂的样子，让天敌误以为它有蜇刺作为武器，但其实它完全无害。

# 东方蜚蠊
*Blatta orientalis*

| 目 | 蜚蠊目 |
|---|---|
| 科 | 蜚蠊科 |
| 体长 | 2~3厘米 |
| 分布 | 全世界（除极地地区外）|

东方蜚蠊分布于全世界除极地地区外的广阔地域。蜚蠊，也称蟑螂，是人类家中常见的昆虫，通常通过盥洗池的排水管进入住宅。东方蜚蠊已经非常适应与人类共同生活，喜温暖、食物充足的房屋。东方蜚蠊的步足粗壮，利于奔跑，步足的边缘有硬鬃毛；身体呈深褐色或暗黑色；触角细长，呈丝状，通过接触空气来探测食物的气味和环境的变化。雄性体型细长，翅膀与翅盖十分发达；而雌性体型肥壮，没有翅膀。

东方蜚蠊白天躲避日光，夜晚外出觅食。它建造的洞穴可以保证成虫和幼虫同时生活。东方蜚蠊的繁殖周期短暂，气温需要超过20摄氏度。雌性产下包裹着受精卵的卵鞘，经过约3个月，幼虫破壳而出，身体形态已经与成虫类似，但没有翅膀。

蜚蠊的触角是重要的感觉器官。蜚蠊通过不断地鞭打空气来探测不同的环境刺激和变化。

## 美洲大蠊
*Periplaneta americana*

| 目 | 蜚蠊目 |
|---|---|
| 科 | 蜚蠊科 |
| 体长 | 3~5厘米 |
| 分布 | 全世界 |

美洲大蠊通体呈暗褐色，触角极长，约为体长的两倍。如今，美洲大蠊通过货船抵达了意大利的港口城市。相比于雄性，雌性腹部更宽，雌雄性均具有翅膀，但很少飞行，偏向于使用步足行走。美洲大蠊是杂食性昆虫，可吞食任何有机物质；厌光，夜间活动频繁。

## 德国小蠊
*Blattella germanica*

| 目 | 蜚蠊目 |
|---|---|
| 科 | 蜚蠊科 |
| 体长 | 1~1.5厘米 |
| 分布 | 全世界 |

德国小蠊很容易被辨认，其特征为黄褐色的长翅膀和前胸上两处明显的黑色椭圆斑点。随着时间的推移，德国小蠊的数量激增，这主要得益于它极强的适应人类环境的能力——其步足上具有特殊的附着器官，能够轻易地在光滑的表面，如瓷砖、涂漆的家具，甚至玻璃上行动。德国小蠊的生活习性与东方蜚蠊相同。

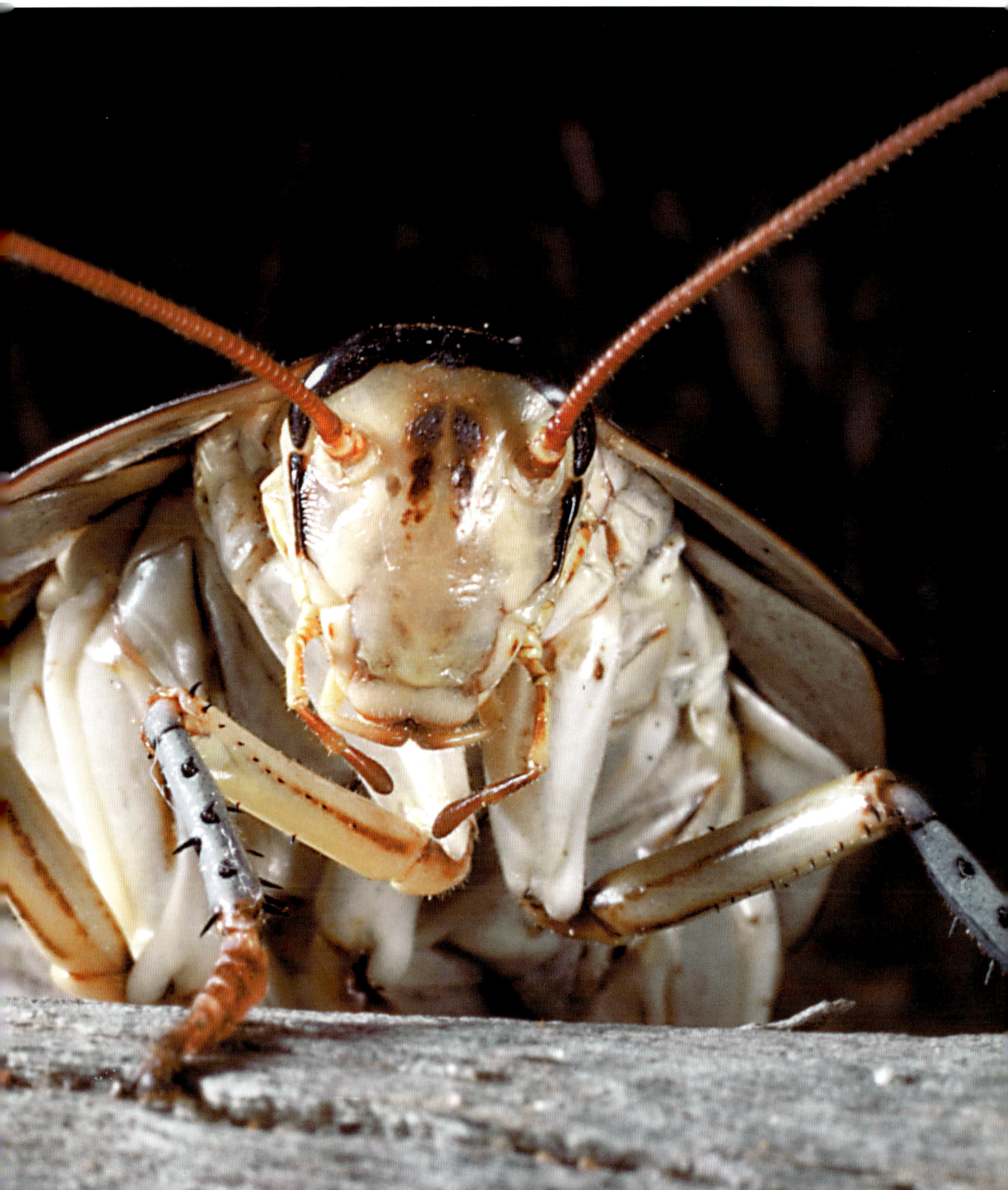

# 等翅目

**可怕的白蚁**

白蚁是一种不可思议的昆虫，它们生活的方方面面——复杂的社会组织、细致的工种分配、建造巨型蚁巢的能力、对幼虫的悉心照料，以及独特的饮食习惯都让人惊叹。

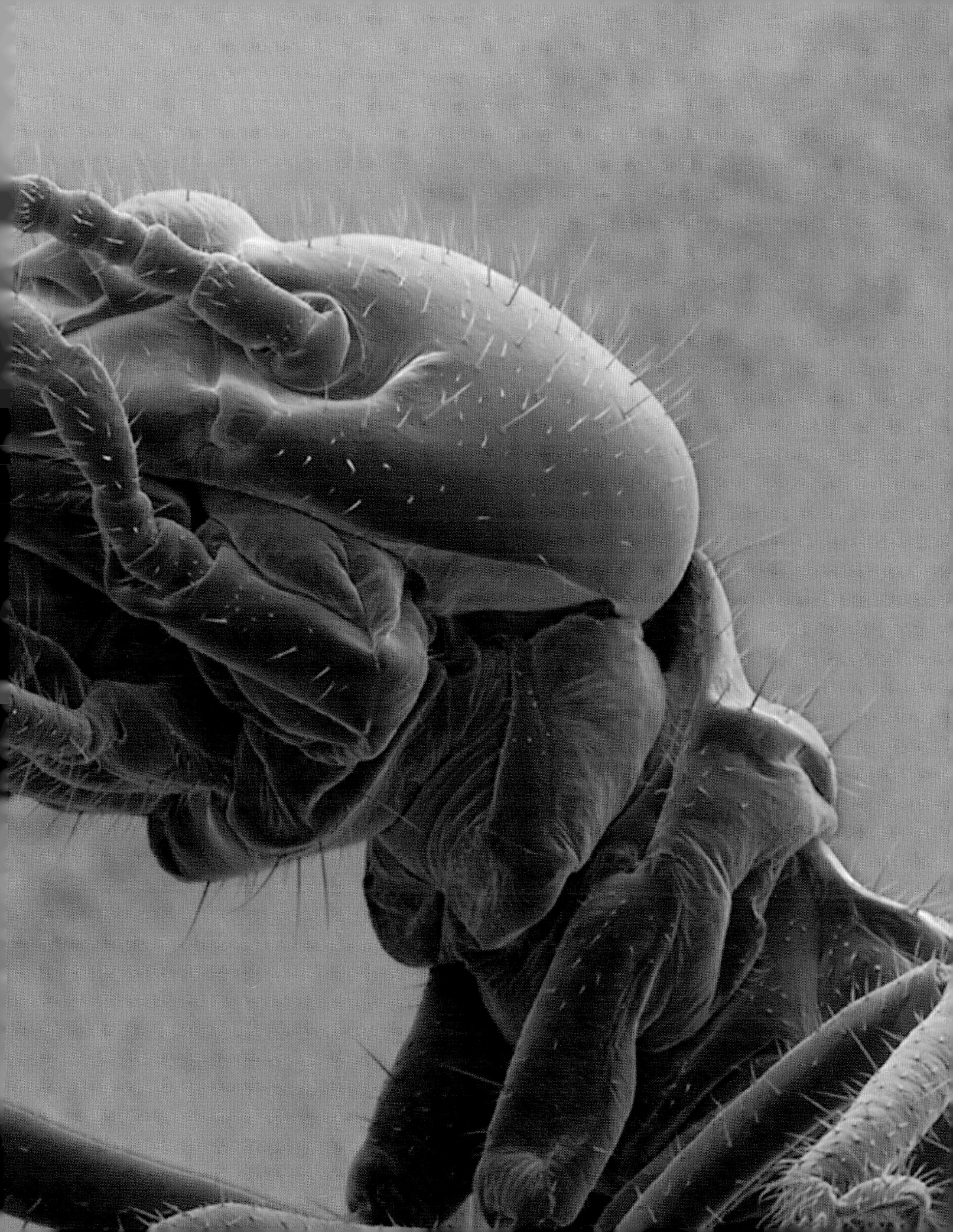

上页和本页图片：*白蚁*

## 简介

　　等翅目包括2700余种白蚁，它们是社会性昆虫，能够建造巨型的蚁巢。等翅目昆虫为中小型昆虫，身体狭长，呈暗白色或淡黄色，无复眼，触角短；口器多为咀嚼式，多数十分发达，一部分物种的口器为刺吸式。白蚁群体内部的社会结构十分有趣，个体分类明确，包括生殖个体、兵蚁和工蚁。有翅膀的个体具有生殖器官，无翅膀的个体则没有；整个蚁群的生殖繁衍任务交给了蚁后和蚁王，它们生活在一个地下的宽敞空间内。幼虫的形体与成虫类似，但体型较小，需经历一系列成长阶段才能发育至成虫阶段。

## 黄颈木白蚁
*Kalotermes flavicollis*

| | |
|---|---|
| 目： | 等翅目 |
| 科： | 木白蚁科 |
| 体长： | 1.2~1.5厘米 |
| 分布： | 地中海沿岸国家 |

黄颈木白蚁是现存于意大利境内的两种白蚁之一。黄颈木白蚁不仅生活在多种腐木中，还生活在活树中，甚至在城市中也有它的踪迹，比如在行道树或建筑物的木材（房梁和地板）中。有翅个体的身体呈深褐色，身体的前部、步足和触角呈暗黄色（因此得名）；兵蚁体型较小（体长约为7毫米），身体呈淡褐色，头部坚硬，下颚十分发达；幼虫呈暗黄色，下颚不发达。

黄颈木白蚁组成的群落的个体总数不超过2000只，并且没有工蚁，应由工蚁完成的任务交由群体中的年轻个体（称为假工蚁）完成。假工蚁用口腔中流出的高蛋白液体喂食兵蚁和蚁王、蚁后（这种喂食方式称为交哺）。蚁王、蚁后只有一对，完成交配、繁殖，假如二者之一死去，假工蚁便赶紧饲喂后备蚁，组成一个新的"王室"。每年7月至10月，有翅个体纷纷飞出蚁巢，在其他地方形成新的蚁群。

## 非洲大白蚁
*Macrotermes bellicosus*

| | |
|---|---|
| 目： | 等翅目 |
| 科： | 白蚁科 |
| 体长： | 5~20厘米 |
| 分布： | 非洲赤道地区 |

非洲大白蚁分布于非洲的赤道地区，并在热带草原的开阔地带建造宏大的蚁巢。工蚁和兵蚁的体色均为浅白色，无眼、无翅；但兵蚁的体型更加粗壮，头部有颜色，十分发达，下颚巨大。兵蚁利用触角上的接收器探测外部入侵者，并可迅速血战一场。蚁后和蚁王的身体呈褐色，在婚飞后，翅膀脱落并逃进地下保护完善的蚁巢中，蚁后产下第一批卵，并抚育幼虫。幼虫在短时间内便成长为工蚁，并开始拓展蚁巢，饲喂蚁后、蚁王和新出生的幼虫。这些幼虫发育成无繁殖能力的个体，分化为两个种类：工蚁和兵蚁。工蚁不会出巢寻找食物，而是在地下的隧道中觅食，吞食树木的根部和树干。从产卵开始，蚁后的腹部就膨胀到使自己不能移动。虽然如此，但蚁后可通过分泌荷尔蒙统治整个蚁群，蚁群个体总数在100万只以上。为了保证新蚁群的形成，工蚁每年会以特殊方式饲喂一批幼虫，直到这些幼虫发育出翅膀和生殖器官。

同属的物种还有撒哈拉大白蚁（Macrotermes natalensis），它也是非洲的白蚁，以"蘑菇形蚁巢建造者"而闻名。同样分布在非洲的物种有下圆齿方白蚁（Cubitermes subcrenulatus），生活在非洲大陆潮湿多雨的地区。澳大利亚境内分布有象白蚁属（Nasutitermes）昆虫。

## 欧洲散白蚁
*Reticulitermes lucifugus*

| | |
|---|---|
| 目 | 等翅目 |
| 科 | 鼻白蚁科 |
| 体长 | 1～5厘米 |
| 分布 | 地中海沿岸国家 |

欧洲散白蚁分布于地中海沿岸的国家，主要生活在人类家居环境中，如房梁、木地板及木杆中。蚁后、蚁王的身体呈黑色，翅膀呈褐色，上有黑色装饰色；而兵蚁的身体呈黄灰色，头部呈方形，质地坚硬，下颚十分发达；工蚁的体色与兵蚁相同，但头部和下颚较小。

欧洲散白蚁的群落中有着不同的种别，包括蚁后、蚁王、"王储"、兵蚁、工蚁和幼蚁。工蚁负责蚁巢的维护，以及年轻白蚁、蚁后、蚁王的饲喂；兵蚁则负责守卫整个蚁巢。如果有翅膀的蚁后、蚁王无生育能力，那么繁殖的任务便交由其他"王储"进行，它们虽处于未完全成熟的阶段，但仍然可以进行生殖活动。

### 白蚁与蚂蚁没有血缘关系

人们曾经经常将白蚁与蚂蚁联系到一起，因为它们的社会结构十分相似，而白蚁也被称为"白色的蚂蚁"。两个物种均为群居昆虫，蚁群数量庞大，内部社会等级森严，蚁巢结构复杂；然而，从系统的角度来说，两个物种实则差异巨大。特别地，雌性蚂蚁只产一次卵，而白蚁的蚁后和蚁王的繁殖活动是持续不断的。

## 聚焦

# 泥制教堂
## 白蚁的蚁巢

多数白蚁生活在地下世界,只有少数栖居于人类的住宅中。不过所有的白蚁都是群居的,并不存在独居的白蚁。除少数物种靠占据其他昆虫的巢穴为生外,白蚁群的巢穴都是它们自己建造的。不同的白蚁种群所建造的巢穴在规模和形状上有所区别,所使用的材料也大相径庭。

## 千奇百怪的蚁巢

### 规模最大的蚁巢
撒哈拉大白蚁的蚁巢可达6米之高,蚁巢的壁厚约为40厘米。蚁巢由沙粒构成,并使用白蚁的唾液和排泄物粘合,以达到"混凝土"的效果。

### 蘑菇形蚁巢
生活在非洲潮湿多雨地区的白蚁,如下圆齿方白蚁,将自己的蚁巢打造成蘑菇或雨伞的形状,这样就可以保护下方的蚁巢免受突降暴雨的破坏。

### 纸板蚁巢
部分象白蚁属物种的蚁巢被称为"纸板蚁巢",因为蚁巢本身不够结实,但具备鱼刺状的屋檐,可以有效地沿边缘的分支分流雨水,避免雨水冲刷破坏蚁巢。

## "王宫"

"王宫"是房中房,用于保护蚁后、蚁王。工蚁的任务就是清洁和饲喂蚁后,兵蚁则要保护蚁后、蚁王不受伤害。蚁后在第一次产卵后,腹部会极度地膨胀,原本的"小房间"就无法容下整个"王室"的生活起居。此时,工蚁便开始扩张"王宫",让蚁后能够更加舒服。但值得注意的是,在较低级的白蚁中,蚁后体型较小,而且十分活跃。

## 蚁巢有迷宫般的构造

蚁巢内部环境的组织十分有趣，白蚁从不生活在露天的环境中，而是需要一个相对封闭、空气流通缓慢、湿度相当大的环境。蚁巢内没有任何光线，二氧化碳浓度较高。蚁巢内部的微观气候条件得以维持，得益于工蚁辛勤的劳动，它们使用唾液湿润蚁巢内壁，以增加周围空气的湿度。蚁巢内还存在一套空气调节系统，具有通风换气的功能。蚁巢为封闭环境，与外界隔离，对于那些不通过隧道觅食的种类，工蚁每次出巢时都会封闭蚁巢的出口，一旦回到蚁巢内，又会封死入口。

蚁巢外壁底下蜿蜒着一套外隧道系统，与外部环境连接，但不与白蚁休息的内部巢室系统连接。巢室系统是指整个蚁巢内部的洞穴，白蚁就居住在这里，包括王宫、育婴室、食物储藏室，某些种类还有培养菌类的特殊空间。与巢室系统相连的，还有另外一套内隧道系统，这是蚁巢内部的交通网络，通常位于土壤或朽木内，从蚁巢的基底开始分叉，使工蚁能够扩张它们的活动区域，尤其方便它们寻找食物。这套内隧道系统围绕蚁巢修建，可延伸至很远的地方，以避免外出露天觅食。人工隧道的设计思想就来源于蚁巢的构造。隧道从地表开始，有时向上进入附近的树干中，为的也是连接巢室系统和食物来源。并不是所有种类的白蚁都会采用以上3套系统，而是仅在演化最完善的群体中体现。

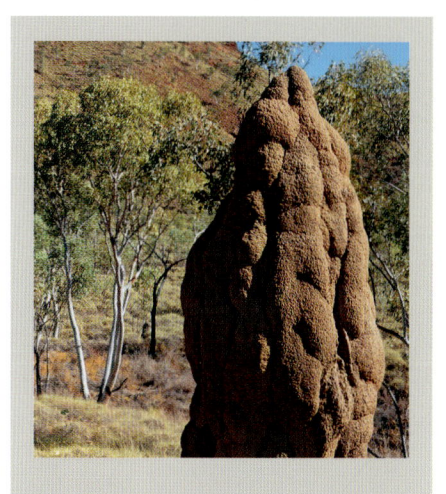

## 建造蚁巢的两个阶段

在建造的初期，工蚁通过挖掘一整套隧道互连系统来扩张蚁巢，通常从一个中心地带出发，分别向远处横向推进，以及向下纵向延伸，推进的长度约为10米。第一阶段可持续2~3年，在这之后，工蚁便开始修建蚁巢内部的构造。这部分工程是一点点完成的，工蚁不断堆砌由排泄物、肥沃土壤和唾液构成的特殊物质，这些物质不断硬化，最终形成硬度类似象牙的坚固外壁。由于白蚁的种类和所处环境气候的不同，蚁巢的外貌千奇百怪，令人叹为观止。

## 蘑菇培育者

在部分物种（如大白蚁属）的蚁巢中，可以观察到真正的"蘑菇花园"。这里其实是白蚁贮藏木料的地方，工蚁通过不断咀嚼，将这些木料磨成小圆球形、质地细腻的木浆。这些木浆球被黏液粘合在一起，规模可以很大，外表看起来很像一块海绵。这块"海绵"相当有利于部分菌类，如蚁巢伞属（Termitomyces）菌类的生长。白蚁悉心照料这些菌类，并不是因为这些菌类是它们的食物（白蚁很少吃菌类，因为这些菌类只能提供维生素），而是因为这些菌类可以在其所生长的"海绵"上分解植物纤维，使其更易于白蚁的消化和吸收。

# 虱目、食毛目、缨翅目、啮虫目、缺翅目

**不显眼却惹人厌：虱子与蓟马科昆虫**

这是一个种类间差异较大的群体，它们体型很小，但极其惹人厌烦，还特别危险，因为其中包括很多鸟类和哺乳动物的寄生虫，人类也常常难以免受其害。

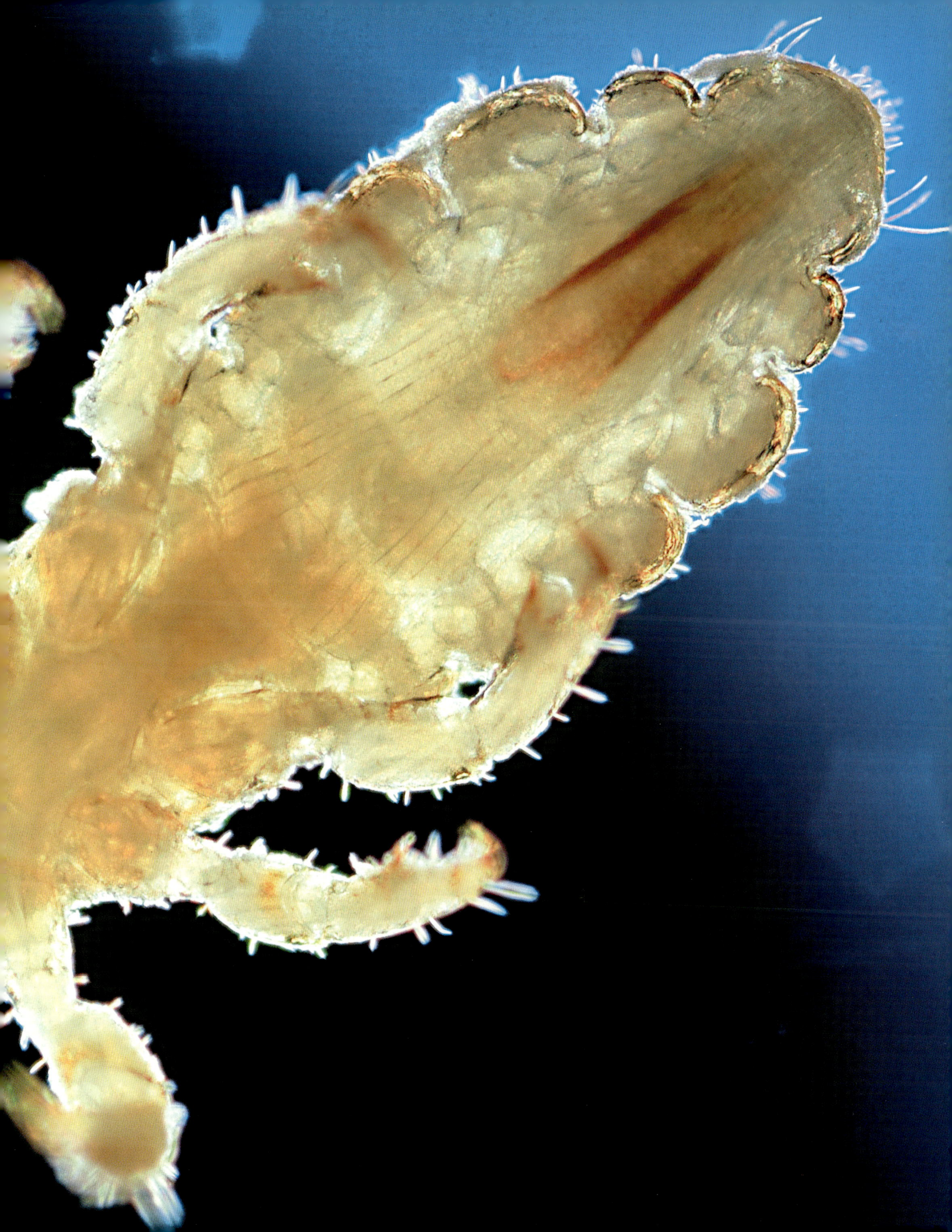

# 简介

虱目昆虫就是所谓的虱子，它们是哺乳动物的外寄生虫，使用刺吸式口器吮吸宿主的血液，发达的倒钩用于抓住宿主的皮毛或毛发。鸟虱，或称伪虱，指的是食毛目昆虫，它们寄生于鸟类身上，少见于哺乳动物，没有翅膀，肢节生有钩子，以羽毛碎片、毛发及外表皮的死皮为食。缨翅目中有体型极小的蓟马科昆虫，寄生于植物，翅膀呈长条状，有缘毛，口器为吮吸式。在植物上，或有时在人类住宅中的书或老旧的纸张间，我们可以观察到啮虫目昆虫，它们的口部附近分布着吐丝腺。缺翅目昆虫的体型极小，数量较少，多分布于气候炎热的地区。

*上页图片：头虱；本页图片：啮虫目虱子*

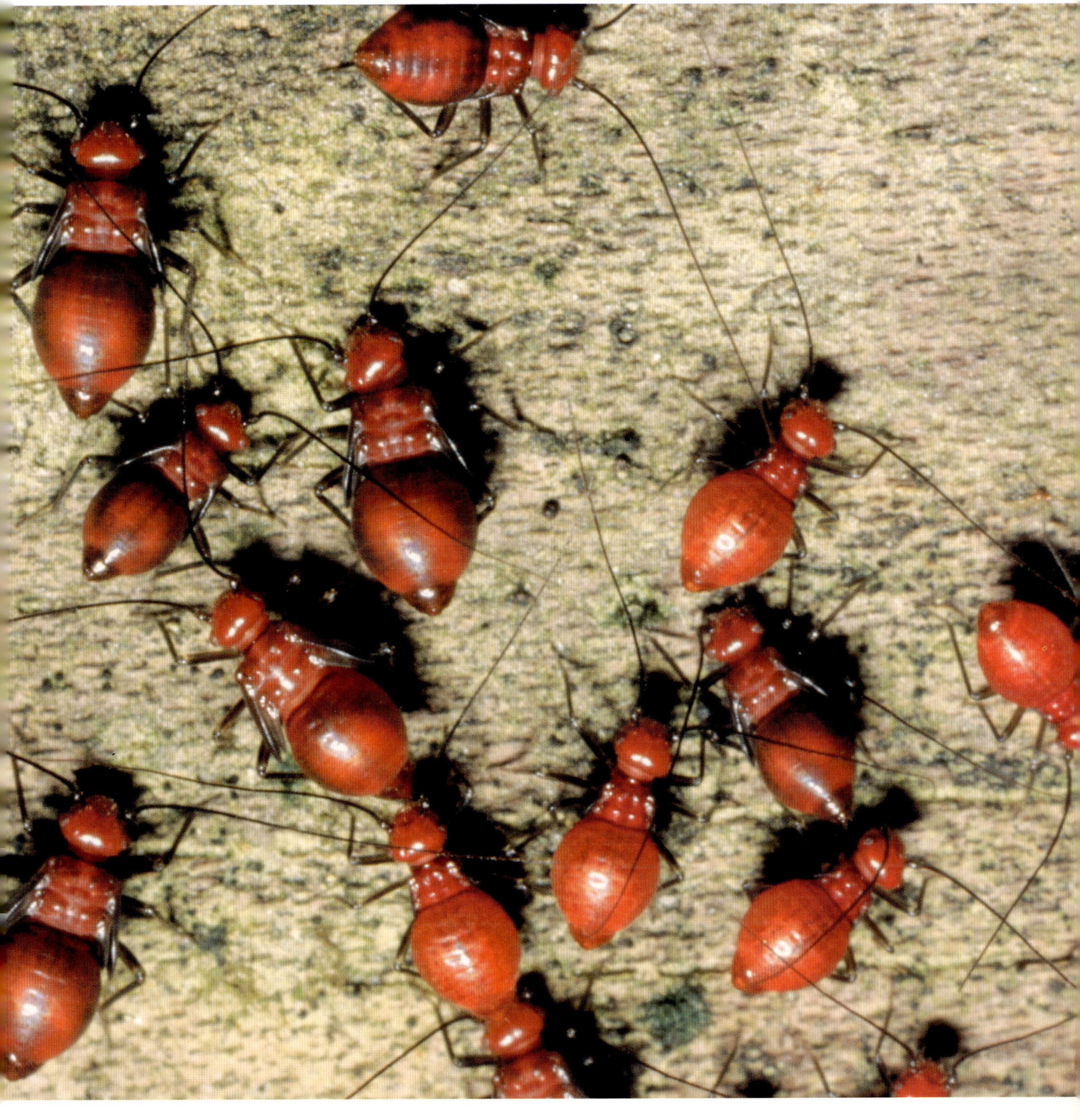

### 象虱
**_Haematomyzus elephantis_**

| 目 | 食毛目 |
|---|---|
| 科 | 象虱科 |
| 体长 | 2～3毫米 |
| 分布 | 全世界 |

象虱是大象和犀牛身上典型的寄生虫，它的头部延长成额角，额角的末端则是刺吸式口器。象虱可使用后足构成的粗壮尾铗稳固地附着在宿主坚硬的皮毛上。除尾铗外，象虱的前足和中足虽然没有后足那么强劲，但是也对抓紧宿主皮毛有着重要的作用。尽管象虱也能以宿主外表皮的角质和皮脂屑为食，但它更喜欢吮吸宿主的血液。

### 阴虱
**_Phthirus pubis_**

| 目 | 虱目 |
|---|---|
| 科 | 虱科 |
| 体长 | 1.5～2毫米 |
| 分布 | 全世界 |

阴虱是一种寄生虫，生活在人类的肛门和外生殖器的阴毛区域内，侵入严重时，还可在腋下、胡须，甚至眉毛上观察到它，但头发除外，因其足上的倒钩结构只能抓住质地较粗的毛发，而人类的头发较细。与头虱相比，阴虱的体型更扁平，因此俗称"蟹虱"。雌性一生中可产40余颗卵。阴虱好静，仅在夜间活动，主要通过宿主的亲密接触传播。

### 血虱属
**_Haematopinus_**

| 目 | 虱目 |
|---|---|
| 科 | 血虱科 |
| 体长 | 0.5～6毫米 |
| 分布 | 全世界 |

血虱属包括多种在全世界范围内分布的虱子，都是哺乳动物的寄生虫，如猪血虱（Haematopinus suis）、马（驴）血虱（Haematopinus asini）和牛血虱（Haematopinus eurysternus）。

血虱喜栖居于宿主的颈部，以宿主的血液为食，从而进一步扩散繁殖。猪血虱尤为危险，因为它能够传播猪瘟病毒，因此在饲养猪的过程中，人们必须采用十分严格的干预措施来预防血虱的入侵。

## 人虱
*Pediculus humanus*

| 目 | 虱目 |
|---|---|
| 科 | 虱科 |
| 体长 | 2～4毫米 |
| 分布 | 全世界 |

人虱有头虱（Capitis，体色深）和体虱（Corporis，体型较大，体色浅）两个亚种，分布于全世界范围内。它完美地适应了寄生生活，无翅膀；步足短小，向内生长，末端生有倒钩，可向内折叠，形成钳状从而附着于宿主的毛发上。人虱的口器有所变化，上颌与下颚退化，取而代之的是3颗尖牙，形成一种吻管，用于切割宿主的皮肤，吸吮血液。血液是人虱唯一的食物。人虱厌光，不喜过高的温度，温度高于44摄氏度对它来说就是致命的。

人虱的繁殖活动无季节性，可连续在宿主身体上繁殖。雌性头虱一次最多可产100颗虱卵，虱卵牢牢地附着于宿主头发上。只要健康的人与染有虱病的人接触，头虱便可落户于新的宿主。体虱生活于人的衣物上，当它需要取食时才会移动至人的皮肤表面；虱卵（最多300颗）通常位于衣物折叠处。对于人类来说，体虱是最危险的一种寄生虫，因为它是传播斑疹伤寒和五日热病毒的媒介。

人虱的叮咬可引起强烈的痛痒感，使人用力抓挠，造成较复杂的皮肤损伤，进而引发细菌感染。

### 提供维生素的细菌

虱子所吸食的血液中并不包括所有它所需的维生素。虱子依靠自己肠道内的共生细菌获取完全的营养物质。这些共生细菌可从雌性体内转移到下一代体内。实际上，当雌性排卵时，这些细菌就会进入卵子，之后便可转移到虱卵中。

## 犬虱
*Trichodectes canis*

| 目 | 食毛目 |
|---|---|
| 科 | 兽羽虱科 |
| 体长 | 1毫米 |
| 分布 | 全世界 |

犬虱，又称狗虱或咬虱，寄生于家犬或野生犬科动物（如狼、野狗和丛林狼）的身上。犬虱的身体呈暗黄色，触角呈丝状，步足短而粗。犬虱好静，行动缓慢，有时尽管宿主死亡，也不肯离开宿主身体。动物十分厌恶犬虱的存在，犬虱的叮咬可引发瘙痒，但并不危险。犬虱可通过宿主与其他个体的接触传播。

## 鸡虱
*Menopon gallinae*

| 目 | 食毛目 |
|---|---|
| 科 | 短角鸟虱科 |
| 体长 | 3～5毫米 |
| 分布 | 全世界 |

鸡虱，又称白虱或假虱，身体在未吸血时呈白灰色，吸血后呈血红色。鸡虱栖居于鸡的头部、颈部、翅膀和肛门处的羽毛根部，数量巨大，繁殖极快。1个月内，一对鸡虱可产下近5万颗虱卵。一般来说，鸡虱不好动，根据需要移动迅速，在宿主死亡后马上离开。

同属的物种还有鸡长角鸟虱（*Lipeurus caponis*），位于宿主翅膀和尾巴的羽毛上；草黄鸡体虱（*Menacanthus stramineus*），位于宿主皮肤最细嫩处，会引发严重的感染症状。

89

# 蓟马科
## *Thripidae*

| 目：缨翅目 |
| --- |
| 科：蓟马科 |
| 体长：2～3毫米 |
| 分布：全世界 |

蓟马科昆虫分布于全世界，大多为植物寄生虫，体型小，并不起眼。它们体型细长，体色较深，翅膀长而薄，边缘有缘毛；头部有触角和刺吸式口器，后者用于吮吸植物软组织内的汁液。

雌性的产卵器位于腹部末端，雌性在繁殖季节将卵产在植物软组织之中。根据具体物种的不同，蓟马科昆虫每年繁育一代或多代幼虫。蓟马科昆虫是园丁、农民及园艺爱好者最惧怕的昆虫之一，它们会攻击农田中的作物，就连温室中的植物也不能幸免。蓟马科昆虫的幼虫和成虫生活在叶子背面，刺穿植物软组织以便吮吸汁液。接下来，植物受损的部位开始出现典型的暗白色斑点，一是因为被吸取汁液使植物更加脆弱；二是因为这些寄生虫将其唾液注入植物软组织中，这对植物来说是有毒的。另外，蓟马科昆虫还可传播植物病毒和致病细菌。

## 西花蓟马
### *Frankliniella occidentalis*

| 目：缨翅目 |
| --- |
| 科：蓟马科 |
| 体长：1.5～2毫米 |
| 分布：全世界 |

西花蓟马是近几十年来对农作物的破坏性最强的蓟马科昆虫；其身体结构与其他蓟马科昆虫类似，原产于北美洲，会对装饰类鲜花造成巨大的破坏，尤其喜非洲菊和菊花。除通过吸取植物汁液造成破坏外，它还是某些病毒的携带者，可传播番茄斑萎病。

危害其他作物的近似物种有美东花蓟马（Frankliniella tritici）和烟蓟马（Thrips tabaci）。

## 生物防治

如果不想反复使用杀虫剂，预防蓟马科昆虫的最佳办法是避免干旱过度和温度过高，还应勤通风，正确浇灌植物。如果植物已有感染的迹象，除去除已感染的部位外，最好使用冷水喷射叶面的下表面。

## 橄榄管蓟马
### *Liothrips oleae*

**目**：缨翅目
**科**：管蓟马科
**体长**：1.5～2毫米
**分布**：地中海沿岸国家

橄榄管蓟马，又称黑虱，分布于种植橄榄的地中海沿岸国家，成虫身体呈亮黑色，幼虫身体呈浅绿色。橄榄管蓟马使用刺吸式口器刺穿橄榄植株的幼芽、树叶和未成熟的果实，并吸吮其汁液，会造成花朵凋零、果实畸形。特别是它可在一个季节内多次繁殖的特点给橄榄种植业带来了重大的损失。生物防治方法是使用橄榄管蓟马的天敌小黑花蝽象（Anthocoris nemoralis）来减少其数量。

## 尘虱
### *Trogium pulsatorium*

**目**：啮虫目
**科**：节啮虫科
**体长**：1.5～2毫米
**分布**：欧洲

尘虱，栖居于人类住宅、图书馆和旧衣橱中。它体型小，无翅膀，头部巨大，具有咀嚼式口器，主要以旧纸为食。其拉丁语学名来源于雌性会使用腹部击打（pulsare意为"击打"）纸张或其他物体，发出有特征性的响声。雌性腹部下方有类似扣子的结构，雄性没有，其作用就是"打拍子"。根据古老的民间传说，这种响声只有在弥留之际的人才能听到，就是为了告诉他们生命的终点即将到来（这也是其俗名"死亡之钟"的由来）。

　　同目的物种有突围啮虫属（Psocus）昆虫和书虱（Liposcelis divinatorius），它们与尘虱有着相同的食性、身体构造和栖息地。

## 缺翅虫属
### *Zorotypus*

**目**：缺翅目
**科**：缺翅科
**体长**：1.5～2毫米
**分布**：热带地区

缺翅虫属昆虫体型较小，触角由9段组成，形似珍珠串。它们生活在植物残片、泥土，尤其是腐木中，形成多个种类的群落。有的成虫有色、有眼、有翅，它们的幼虫身体柔软，眼睛位于皮肤之下；有的成虫无色、无眼、无翅；还有的成虫有色、无眼、无翅。这些昆虫均以微小的真菌为食。

# 半翅目

**水生昆虫、臭虫、蝉：
数量繁多、色彩丰富**

众多的形态和颜色使半翅目成为昆虫纲中最大的目类之一，囊括了体型多样的生命体，数量比整个脊椎动物的总数还多。大多数半翅目昆虫都会给人类的农业生产带来巨大的损失，因而声名狼藉。

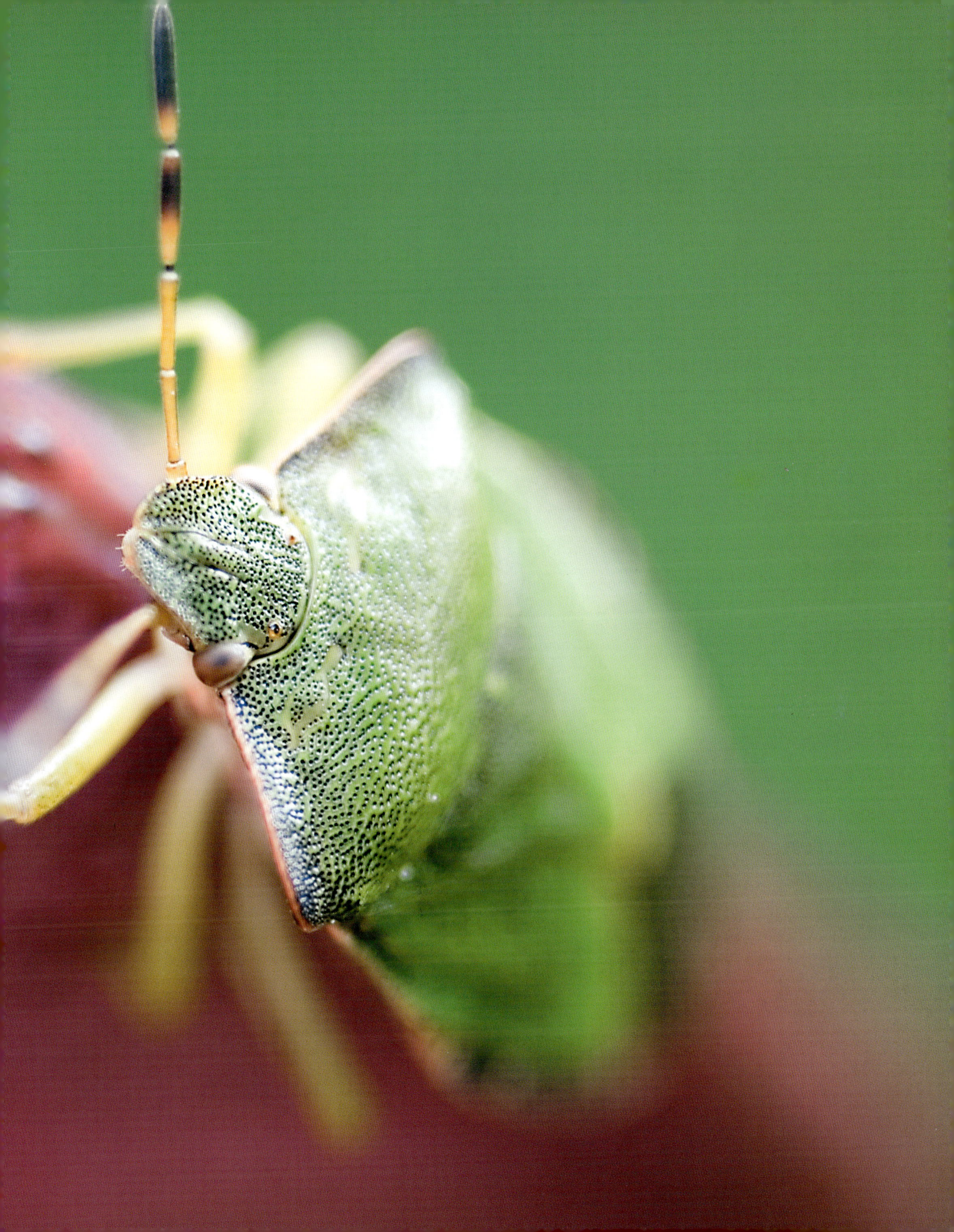

上页图片：臭虫；本页图片：水黾

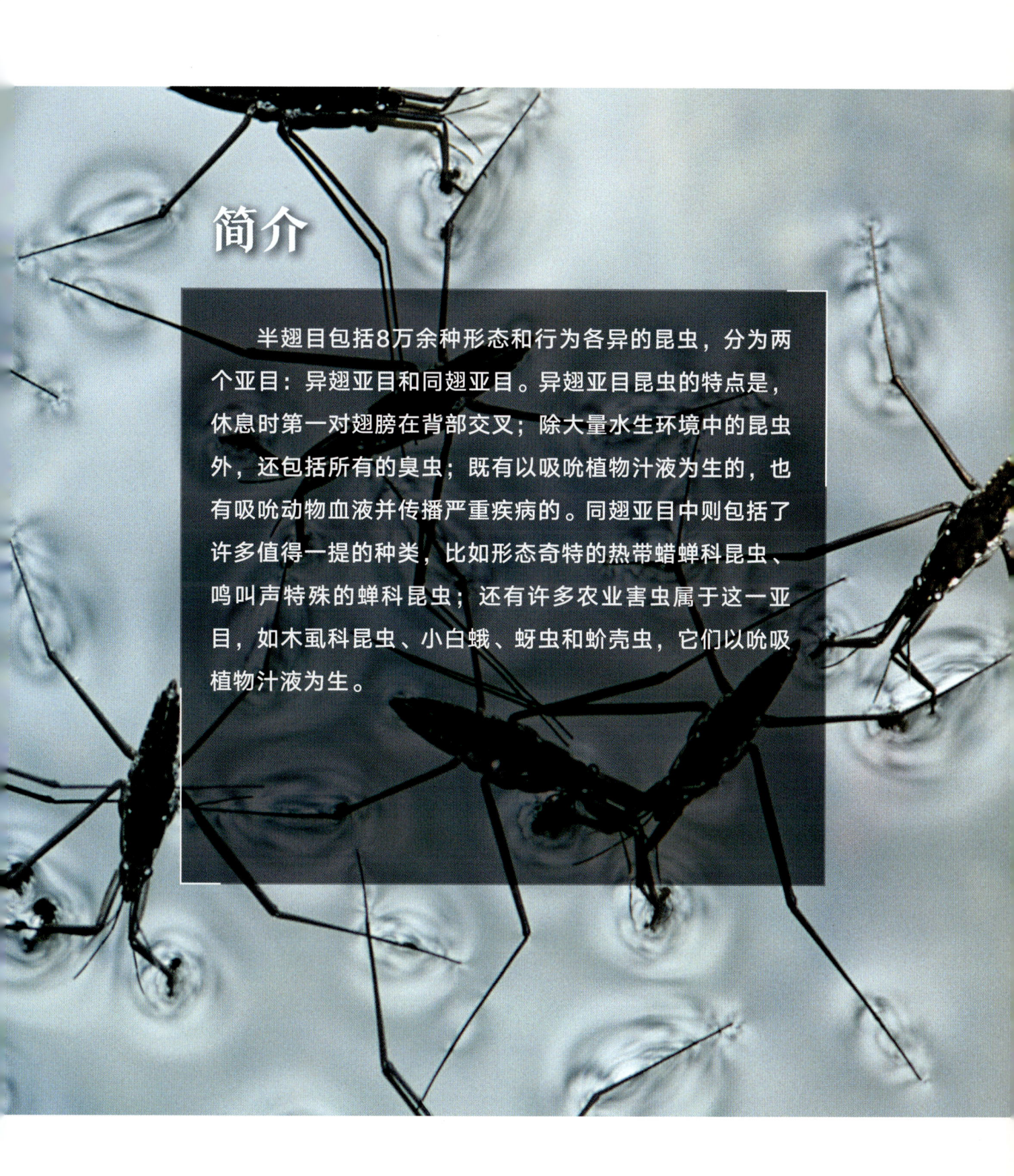

# 简介

　　半翅目包括8万余种形态和行为各异的昆虫，分为两个亚目：异翅亚目和同翅亚目。异翅亚目昆虫的特点是，休息时第一对翅膀在背部交叉；除大量水生环境中的昆虫外，还包括所有的臭虫；既有以吸吮植物汁液为生的，也有吸吮动物血液并传播严重疾病的。同翅亚目中则包括了许多值得一提的种类，比如形态奇特的热带蜡蝉科昆虫、鸣叫声特殊的蝉科昆虫；还有许多农业害虫属于这一亚目，如木虱科昆虫、小白蛾、蚜虫和蚧壳虫，它们以吮吸植物汁液为生。

## 仰蝽
*Notonecta glauca*

| 目 | 半翅目 |
|---|---|
| 科 | 仰蝽科 |
| 体长 | 1.4~1.6厘米 |
| 分布 | 欧洲、高加索地区和北非地区 |

仰蝽分布于欧洲、高加索地区和北非地区，生活于池塘和沼泽等静水环境中，背部的突起十分像船的龙骨。第一对和第二对步足较短，用于捕食猎物；第三对步足极长，有缘毛，用于划水。

仰蝽在水中所处的位置十分特别，如同在水面下"滑冰"，并且移动速度很快，既能横向又能纵向移动。仰蝽是贪婪的捕食者，以甲壳纲昆虫、蝌蚪和其他昆虫的幼虫为食。仰蝽在水生植物的茎部产卵，产卵期为12月或第二年1月。幼虫将蜕皮5次，最后一次在6月，此时上一代成虫死去。

## 水蝎子
*Nepa cinerea*

| 目 | 半翅目 |
|---|---|
| 科 | 蝎蝽科 |
| 体长 | 1~3厘米 |
| 分布 | 欧洲 |

水蝎子分布于欧洲的大部分地区，生活于流速较慢或静止的浅水水域的水生植物之间或淤泥之上。其名字源于其外貌十分接近蝎子，前足特别发达，分化成用于捕捉的前肢。

人们很难辨认出水蝎子，因为其身体如叶片般扁平，呈大地色，通体覆盖一层植物碎屑状花纹。水蝎子捕食昆虫、蝌蚪和小型鱼类，但需要不时浮出水面，使用身体前端的长管呼吸。4月至5月是它产卵的时间，刚长成的成虫在7月至8月之间出现。

相近的属有负子蝽属（Belostoma）、水生虫属（Zaitha）。

水黾科昆虫能在水面上轻巧地行动，这得益于它们极长的步足。这张图片中，一只水黾科昆虫正在池塘的水面上滑行。

## 水尺蝽
*Hydrometra stagnorum*

| 目 | 半翅目 |
|---|---|
| 科 | 尺蝽科 |
| 体长 | 9~13毫米 |
| 分布 | 欧洲、高加索地区、中东地区和北非 |

水尺蝽分布于欧洲大部分地区（除北部外）、高加索地区、中东地区和北非，常见于河边或池塘边等潮湿的环境中。水尺蝽能够在湿润的土壤和水生植物的叶片上活动，但也可在水面上缓慢移动，水尺蝽也由此得名，意为"水的计量器"。水尺蝽的身体呈褐色，呈细棍状，触角长，步足纤细狭长，以活虫或死虫的体液为食。

## 水螳螂
*Ranatra linearis*

| 目 | 半翅目 |
|---|---|
| 科 | 蝎蝽科 |
| 体长 | 3~3.5厘米 |
| 分布 | 古北区 |

水螳螂分布于古北区的大部分地区，在意大利很常见，生活于水塘的水生植物中。水螳螂的身体纤细狭长（拉丁语学名中的linearis意为"线形"），呈褐色。由于形似植物硅藻，它并不易引起人们的注意。水螳螂通常处于伏击状态，静待猎物上门，主要以昆虫、蝌蚪甚至小型鱼类为食，需要不时浮上水面呼吸。

## 划蝽科
*Corixidae*

| 目 | 半翅目 |
|---|---|
| 科 | 划蝽科 |
| 体长 | 1.5~15毫米 |
| 分布 | 古北区 |

划蝽科的成员与仰蝽科昆虫很像，与之不同的是，它们并不翻转身体划水，这就使它们能够利用水塘底部发力将自己迅速升至水面，之后快速出水和入水。一般来说，划蝽科昆虫处于水底，步足牢牢地深入泥中，因为它们的身体轻于水，十分容易浮到水面上。划蝽也被称为水蟋蟀，因为雄性有发声器官，用于吸引异性。划蝽为植食性昆虫，最具代表性的物种有乔氏划蝽（Corixa geoffroyi）、雇佣划蝽（Corixa mercenaria）和类划蝽（Corixa affinis）。

# 水黾科
*Gerridae*

| | |
|---|---|
| 目： | 半翅目 |
| 科： | 水黾科 |
| 体长： | 5~13毫米 |
| 分布： | 欧洲、中东地区和北非 |

水黾科昆虫分布于欧洲（少见于北欧）、中东地区、北非，在意大利境内自皮埃蒙特大区至坎帕尼亚大区均有分布。该科的成员常见于水塘、小型湖泊、河流转弯处、沼泽的水面上。它们身体狭长，从身体两侧延伸出极长的X形步足，用于在水面上移动。步足的末端覆有防水的绒毛，可使它们在水面上滑行，避免沉入水中。第一对步足非常短，向上举起，用于随时捕捉猎物。水黾科昆虫是猎食者，它们的食物为落入水中的蚂蚁或浮上水面呼吸的其他昆虫。在雨天或冬季，水黾则转移到河岸上生活。雄性用步足按精准的频率击打水面，发出特殊的鸣叫声以吸引雌性。最具代表性的物种有水黾（Gerris gerris）和姬水黾（Gerris lacustris）。

相近的种类有宽肩黾科（Veliidae）的宽肩蝽属（Velia）、小宽蝽属（Microvelia）和裂宽蝽属（Rhagovelia）昆虫。

### 始红蝽
*Pyrrhocoris apterus*

| 目 | 半翅目 |
|---|---|
| 科 | 红蝽科 |
| 体长 | 7~12毫米 |
| 分布 | 欧洲、亚洲、北美洲南部和北非 |

初春时节，可在意大利境内的栗子树、洋槐、栎树和椴树上观察到大量的始红蝽。另外，始红蝽还常见于墙边和水边，有群居的习性。新一代的成虫约在8月出现，它因其红色身体上的黑色斑点而显得十分特别。始红蝽虽以植物汁液为食，但对农作物无害。另外，它还吮吸活虫或死虫的体液。

### 苜蓿盲蝽
*Adelphocoris lineolatus*

| 目 | 半翅目 |
|---|---|
| 科 | 盲蝽科 |
| 体长 | 6~8毫米 |
| 分布 | 古北区和北美洲 |

苜蓿盲蝽主要分布于古北区和北美洲，常见于阳光充足的环境，尤其是菊科和豆科植物上，吸吮这些植物的嫩叶、枝干、花朵和未成熟果实的汁液。苜蓿盲蝽的身体扁平，体色自绿棕色至绿色均有。6月至9月可见成虫，欧洲东部每年可见两代成虫。

相近的物种有酒花苜蓿盲蝽（*Adelphocoris vandalicus*）和捷苜蓿盲蝽（*Adelphocoris rapidus*）。

一只红尾碧蝽栖息于植物上。此图强调了这种昆虫五边盾形的身体，蝽科（Pentatomidae）由此得名（拉丁学名中的penta意为"五"）。

## 红尾碧蝽
*Palomena prasina*

红尾碧蝽分布于欧洲和亚洲的大部分地区，北部地区较为稀少，在意大利境内很常见。红尾碧蝽体型较宽，大致呈五边盾形，外表和习性与宽碧蝽（Palomena viridissima）类似，容易与之混淆。如果被打扰，红尾碧蝽便从胸部的凹槽中释放一种臭味液体，长时间浸透它所占据的植物。冬季来临之前，红尾碧蝽通常会寻找庇护所进入冬眠。它以多种植物的果实为食。雌性将大量的卵产在植物叶片上，并时常照看。

相近的属有麦蝽属（Aelia）。家缘蝽（Gonocerus acuteangulatus）则属于缘蝽科（Coreidae）。

目：半翅目
科：蝽科
体长：1.2~1.4厘米
分布：欧洲和亚洲

## 温带臭虫
*Cimex lectularius*

温带臭虫分布于全世界范围内，是一种人类和其他哺乳动物的寄生虫；无翅膀，不吸血时身体扁平，吸血后身体膨胀。它白天躲藏在凹槽中，夜晚外出觅食。雌性每次产约200颗卵，环境温度越高，受精卵发育的速度就越快；一般8天后幼体便破壳而出，约2个月后，幼体经5次蜕皮发育成熟。与虱子不同，温带臭虫仅在吸血时停留在宿主身上，而如果暴露在阳光下，它几分钟内就会死亡。

人们曾经认为温带臭虫的叮咬仅是某些传染病传播的次要因素，但实际上，它还能引发伤口炎症或造成过敏反应。

目：半翅目
科：臭虫科
体长：5~6毫米
分布：全世界

## 大锥蝽
*Triatoma megista*

大锥蝽分布于北美洲和南美洲的热带地区，主要生活在哺乳动物的巢穴、人类的木屋和乡下的住宅中。大锥蝽的体色为鲜艳的红色和黑色，无论是幼虫还是成虫都以血液为食，它有着尖锐的喙，用于刺破动物的皮肤吸血。大锥蝽可飞行，一般在夜晚活动。

克氏锥虫病以大锥蝽为传播媒介，是由克氏锥虫（Trypanosoma cruzi）引起的严重疾病，又称恰加斯病或美洲锥虫病。大锥蝽的叮咬本身并没有危险性，但是其引发的痛痒感会使人或动物用力抓挠，这可能导致生命危险，因为指甲抓破皮肤的地方会留下微型的伤痕，而锥蝽在吸血时便在伤痕中留下了排泄物，克氏锥虫便存在于其中。

目：半翅目
科：锥蝽亚科
体长：2.5~3厘米
分布：北美洲和南美洲的热带地区

## 伪装猎蝽
*Reduvius personatus*

伪装猎蝽原产于古北区，后由人类带入北美洲和澳大利亚。伪装猎蝽是一种哺乳动物（包括人类）的寄生虫，以宿主的血液为食，宿主会感到被叮咬处剧烈疼痛。伪装猎蝽的幼虫和成虫外表差异巨大，幼虫善于拟态，用碎叶和尘土覆盖在自己身上，因此又称"尘土虫"；成虫有翅膀，身体呈黑色。

同科的物种有家猎蝽（Ploiaria domestica）。

目：半翅目
科：猎蝽科
体长：1.2~1.4厘米
分布：北美洲、亚洲、欧洲、澳大利亚

## 条蝽
*Graphosoma lineatum*

条蝽分布于欧洲中东部、小亚细亚半岛和中东地区，在意大利分布有其意大利亚种。条蝽外表艳丽，体表有红黑相间的纵向条纹，经常能在伞形科植物上观察到它。体表鲜艳的颜色可以保护它免受猎食者的追捕，同时警告猎食者这种昆虫的气味难闻至极。条蝽在春夏季较为活跃，以植物为食，若数量较多，则会危害农作物。

相近的物种有菜蝽属（Eurydema）昆虫。

目：半翅目
科：蝽科
体长：9~11毫米
分布：欧洲中东部、小亚细亚半岛、中东地区

# 意大利蝉

*Lyristes plebejus*

**目**：半翅目
**科**：蝉科
**体长**：2~4厘米

**分布**：欧洲

意大利蝉分布于整个欧洲，在意大利境内十分常见，生活于树丛和丛林中，多见于农田边缘的灌木丛和花园。它身体粗壮，头部宽，两对翅膀呈膜质透明状，休息时折叠置于背部；体表颜色多为褐色和灰色，与树皮的颜色类似，令人难以区分。意大利蝉以植物的汁液为食，利用尖锐的口器刺穿树皮吮吸汁液。在天气最热的时节，雄性便开始了它持续的蝉鸣，鸣叫声来自形似鼓的发声器。大量雄性可同时聚集到附近的几棵树上，隐藏于树叶之中，大声鸣叫一整天。

炎热的季节快结束时，意大利蝉开始交配，雌性在树枝上产卵，并将卵排列成整齐的线形。成虫在产卵后便死去。幼虫刚出壳便落入土壤中，在这里度过接下来最长4年的生活，之后发育至成虫，便爬出地面，度过它一生中唯一的繁殖期。在意大利境内还常见草翅蛾蝉（Cicada orni）。

图中是一只刚刚脱离幼虫阶段的蝉，可观察到其身体构造和透明的翅膀。

## 一篇需要改写的童话

蝉在《伊索寓言》中的《蝉与蚂蚁》故事中臭名远扬，但是这个故事应该以另一种方式讲述。实际上，当蝉刺穿树皮的时候，经常是汁液流出，蝉在树皮外吮吸，这时蚂蚁迅速集结到树皮处，也开始吸吮汁液。如此看来，并不是蝉向蚂蚁讨要食物，而是恰恰相反。

### 古北红蝉
***Tibicen haematodes***

| | |
|---|---|
| 目： | 半翅目 |
| 科： | 蝉科 |
| 体长： | 3~4厘米 |
| 分布： | 地中海沿岸国家、高加索地区 |

古北红蝉分布于地中海沿岸国家和高加索地区，是欧洲地区最大的蝉类之一，最大翅展可达8厘米。外表和体色与意大利蝉相似，但更喜篱笆环境，尤其是葡萄园。在地中海炎热的午后，雄性发出十分尖锐的鸣叫声。幼虫和成虫都以植物汁液为食，但幼虫在地下，刺穿植物的根部进食，成虫则从树枝上取食。相近的物种有灰蝉（Tibicen vitripennis）。

### 十七年蝉
***Magicicada septendecim***

| | |
|---|---|
| 目： | 半翅目 |
| 科： | 蝉科 |
| 体长： | 3~4厘米 |
| 分布： | 美国 |

十七年蝉是美国典型的蝉类，其幼虫阶段的发育过程持续整整17年（因此而得名），成虫仅在地面上生活1个月，基本不吃任何食物。欧洲的蝉类很少有群居行为，而美国则有"蝉之年"，即一年内同时出现大量蝉类，可对果树造成重大损失，因为它们会划开树枝将受精卵产在凹坑中。当"蝉之年"出现时，农民们会使用特殊的网保护果木。

### 山姬蝉
***Cicadetta montana***

| | |
|---|---|
| 目： | 半翅目 |
| 科： | 蝉科 |
| 体长： | 2~3厘米 |
| 分布： | 欧洲 |

山姬蝉分布于欧洲，（除斯堪的纳维亚半岛北部外）。山姬蝉的翅展约为5厘米，喜阳光充足的区域，夏季常见于草坡或树丛。从清晨到日落，雄性发出持续、尖锐的鸣唱声。雌性无发声器，常产卵于植物间。幼虫钻入土壤，生活在树根中。山姬蝉的幼虫在发育过程结束后，爬到地面上完成蜕皮，变为成虫。

101

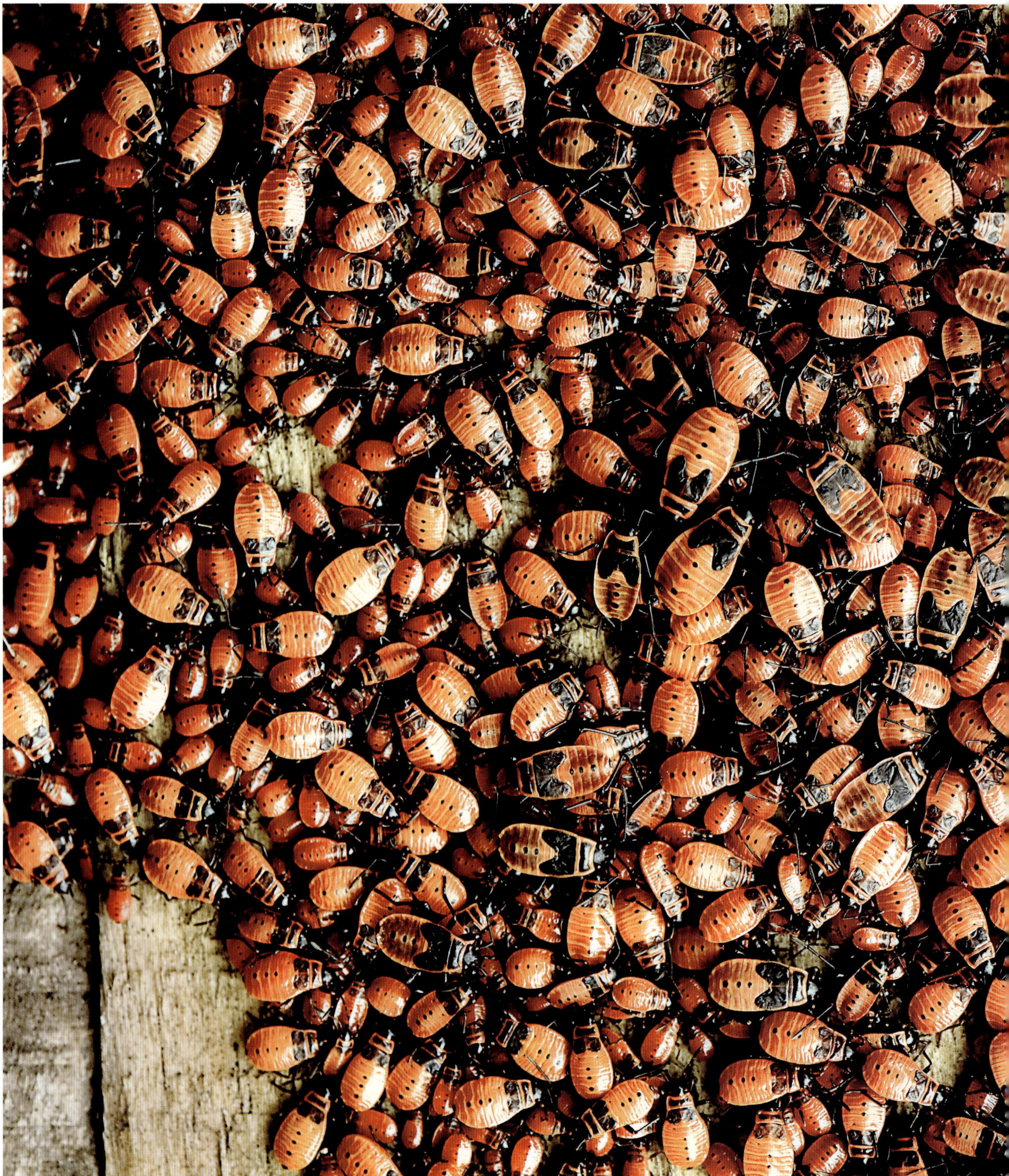

上图：角蝉科昆虫的一种。角蝉科昆虫为形态奇特惊人的小型昆虫，其特点是胸部的第一体节异常发达，头部形状特殊（从前方看好似三角形），能够完美模仿所处环境中元素的颜色和形态。

左图：始红蝽。它们有着群居的习性，体色鲜艳惹眼，图案有立体感。

## 大青叶蝉
*Cicadella viridis*

| | |
|---|---|
| 目 | 半翅目 |
| 科 | 叶蝉科 |
| 体长 | 6~9毫米 |
| 分布 | 古北区和新北区 |

大青叶蝉分布于古北区和新北区，在意大利山区有分布，常见于6月至8月的湿草地、沼泽地和水池，生活于这些环境周边的草本植物与灌木中。它的体型比草地沫蝉还小，雌雄异色，雄性呈天蓝色，雌性呈绿色。

大青叶蝉以植物汁液为食，可对植物造成伤害，不仅因为它的食性，还因为它将卵产在树木的嫩芽中。

相近的物种有水牛形角蝉（Ceresa bubalus）。

## 四瘤角蝉
*Bocydium globulare*

| | |
|---|---|
| 目 | 半翅目 |
| 科 | 角蝉科 |
| 体长 | 4~5毫米 |
| 分布 | 巴西 |

四瘤角蝉分布于巴西境内，同其他角蝉科昆虫一样，体型小，身体构造十分滑稽而极具戏剧性。它的背部向上有一段竖直的构造，末端为不同寻常的"雕塑"：从前面看是4个小球，分布在同一平面上；而从后面看则是一根布满细毛的长刺，略微向下倾斜。四瘤角蝉的腹部呈褐色，步足和眼睛呈黄赭石色，一切都是为了更好地融入环境。

## 苹木虱
*Psylla mali*

| | |
|---|---|
| 目 | 半翅目 |
| 科 | 木虱科 |
| 体长 | 2~4厘米 |
| 分布 | 欧洲、日本、澳大利亚、北美洲 |

苹木虱原分布于欧洲和日本，后传入北美洲和澳大利亚，常见于6月至9月的苹果园中。苹木虱的成虫又称跳虱，夏季呈绿色，冬季呈深褐色，触角呈暗黄色，最后两个体节呈黑色；双翅呈膜质，翅脉有色。秋季，雌性在苹果树嫩枝附近的裂缝中产下几百颗卵。幼虫小而扁，出现于春季的新枝、新叶和嫩芽上。它们分泌出大量蜡质黏液到自己身上，同时将含糖的液体分泌到树枝和树叶上，会使嫩芽干燥掉落。另外，幼虫还附着在未成熟的果实上，使其变质。多次蜕皮后，幼虫在5~6月时发育成熟。

十分相近的物种有梨木虱（Psylla pyri）。

## 草地沫蝉
*Philaemus leucophthalmus*

| | |
|---|---|
| 目 | 半翅目 |
| 科 | 沫蝉科 |
| 体长 | 3~12毫米 |
| 分布 | 欧洲 |

草地沫蝉分布于欧洲，在意大利很常见，生活在草本植物中。成虫善于活动，快速跳动；有色的翅膀是其明显特征之一。草地沫蝉得名于其幼虫独特的习性——幼虫的身体呈浅绿色，不好动，会吐出大量小泡泡，质地类似唾液，由腹部特殊的腺体分泌，原料就是它用口器吮吸到的植物汁液。夏季的草尖上常会见一团白色的泡沫，里面就躲藏着草地沫蝉，这是它抵御敌人和防止脱水的方法。一般来说，草地沫蝉的数量并不多，即使它们侵占了观赏植物或园艺植物，也不会对这些植物造成明显的破坏。

## 露盾角蝉
*Centrotus cornutus*

| | |
|---|---|
| 目 | 半翅目 |
| 科 | 角蝉科 |
| 体长 | 8~10毫米 |
| 分布 | 欧洲中东部、小亚细亚半岛、西伯利亚 |

露盾角蝉分布于欧洲中东部、小亚细亚半岛和西伯利亚，生活于灌木、林中空地及树丛边缘。它的身体呈灰黑色，翅膀半透明。它的前胸处有一根庞大的刺状附肢，向后延伸。这种不寻常的身体构造可见于角蝉科所有约2500种昆虫身上，使捕食者对其无可奈何。

图中展示了四瘤角蝉这种微小昆虫奇特的外表，尤其是头顶的四个瘤球，它也由此而得名。

## 过渡形态

木虱科包括1000多种昆虫，它们具有蝉科和蚜科昆虫之间的过渡形态，既保留了蝉科昆虫的总体特征——翅膀收起时置于背部，可跳跃；又像蚜科昆虫那样，有着柔软的身体，体型小，具有刺吸式口器。

## 胭脂虫
*Dactylopius coccus*

| | |
|---|---|
| 目: | 半翅目 |
| 科: | 蜡蚧科 |
| 体长: | 2.5~3毫米 |
| 分布: | 欧洲、南美洲 |

胭脂虫,又称"仙人掌蚧"分布于欧洲和南美洲。它身体扁平,呈椭圆形、淡白色。雄性与雌性不易混淆,因为雄性有翅膀且十分娇小。胭脂虫的经济价值极高,因为它的身体和卵内含有大量胭脂红酸,胭脂虫自己也使用这种物质来防御捕食者,胭脂红酸是一种有机染料,可用于印染和食品工业。

公寓植物是胭脂虫的栖息地,它是不受欢迎的寄生虫,偏好仙人掌属植物,如仙人球。

### 花园的小敌人

蜡蚧科昆虫具有娇小的体型,喜欢入侵花园,人们经常能失望地看到它们处于观赏植物上,尤其是大型植物。因此,蜡蚧科昆虫是园丁和果实种植者最害怕的昆虫之一。为了防治虫害,人们采用了多种方法,既可使用有机杀虫剂,也可使用这类昆虫的天敌,如澳洲瓢虫(Rodolia cardinalis)和膜翅目昆虫桑白蚧褐黄蚜小蜂(Prospaltella berlesi)。

## 蜡蚧科
*Coccidae*

| | |
|---|---|
| 目: | 半翅目 |
| 科: | 蜡蚧科 |
| 体长: | 0.5~3毫米 |
| 分布: | 全世界 |

蜡蚧科昆虫分布于全世界有植物覆盖的环境,为植物寄生虫。雌性无翅膀,有触角(某些物种的触角退化)和活动(或不活动)步足。它们刺穿植物取食汁液。分泌蜡质覆盖身体,也用于保护受精卵。雄性有一对翅膀(个别物种的翅膀退化或缺失),没有口部。常见的物种有桑白盾蚧(Diaspis pentagona)、梨圆盾蚧(Quadraspidiotus perniciosus)、(Mytilococcus beckii)及红蚧(Kermococcus vermilio)

## 吹绵蚧
*Pericerya purchasi*

| 目 | 半翅目 |
|---|---|
| 科 | 蜡蚧科 |
| 体长 | 2.5~3毫米 |
| 分布 | 全世界 |

吹绵蚧原产于澳大利亚，如今遍布全世界，果农十分害怕它。雌性身上覆盖着一层白色的介壳，吹绵蚧为雌雄同体（伪雌性），自主繁殖；雄性极少见。每只雌性可产400~800颗卵，卵极小，呈暗红色，幼虫在破壳前均在介壳的保护下，破壳后便在附近的环境中扎根。开始时，幼虫呈红色，体长约为0.5毫米，之后身上会包裹一层蜡。一般来说，一年内吹绵蚧可繁殖2~3代。

## 紫胶蚧
*Laccifer lacca*

| 目 | 半翅目 |
|---|---|
| 科 | 蜡蚧科 |
| 体长 | 2~4毫米 |
| 分布 | 亚洲南部 |

紫胶蚧的蜡层呈赭石色，由雌性分泌，保护自己，具有相当高的经济价值，可用来生产珍贵的虫漆和虫胶，在亚洲南部的许多地区，人们饲养紫胶蚧就是为了这个目的。将从紫胶蚧中提取出的虫漆熔化后，用叶子或鳞片包装，便可随时使用。

## 榆蛎盾蚧
*Lepidosaphes ulmi*

| 目 | 半翅目 |
|---|---|
| 科 | 蜡蚧科 |
| 体长 | 2~4毫米 |
| 分布 | 温带地区 |

榆蛎盾蚧呈白色或金黄色，介壳形似贻贝的贝壳，呈褐色。秋季，雌性在介壳下产卵越冬，幼虫在第二年5月破壳。榆蛎盾蚧可见于榆树的树干和树枝上，也可见于部分果树上，如苹果树、梨树和桃树，会给果农造成十分严重的损失。

# 蚜科
*Aphididae*

瓢虫是蚜虫最主要的敌人之一。图中展示的是瓢虫在草叶上捕食蚜虫的场景。

| | |
|---|---|
| 目： | 半翅目 |
| 科： | 蚜科 |
| 体长： | 2~3毫米 |
| 分布： | 全世界 |

蚜科昆虫，也称蚜虫，在全世界范围内均有分布，又称植物虱子，色彩多样（有黄色、绿色和黑色），通常有拟态，会在植物上形成密集的群落。

它们身体柔软，腹部两侧分别有一只"角"，用于向外分泌蜡质物质。不同的蚜虫十分相似，但每个物种个体的性别和发育阶段有所不同，因此，蚜虫的分类较复杂。蚜虫的口器为刺吸式，吸吮植物汁液，生活于嫩芽和树叶上，极少见于植物根部，对农业的损害巨大。

初春时节，从越冬后的卵中孵化出无翅膀的雌性，它们以孤雌繁殖方式繁殖出有翅膀的雌性个体。几代之后，雄性出现，与雌性交配产下越冬的受精卵，从而进入下一个循环周期。

## 蜜露

蚜虫所吮吸的植物汁液含有丰富的水和糖，蛋白质含量较少，它们将多余的糖和水以蜜露的形式排出体外，这是一种透明的黏性液体。蚂蚁十分喜欢吃蜜露，会用触角刺激蚜虫，催促它们持续分泌蜜露。

## 蔷薇长管蚜
*Macrosiphum rosae*

| 目 | 半翅目 |
|---|---|
| 科 | 蚜科 |
| 体长 | 1.5~2毫米 |
| 分布 | 温带和亚热带地区 |

蔷薇长管蚜可见于春季蔷薇的嫩芽和花苞上，它在蔷薇上栖息并大量繁殖，导致植物死亡、叶芽腐坏、枯萎。蔷薇长管蚜用口器刺穿植物纤维，毫不费力地就能吮吸汁液。另外，蔷薇长管蚜分泌的含糖液体会覆盖植物的所有部分，形成煤污病菌（一种损伤植物的黑色真菌）理想的培养基。

同样对果树有害的物种还有黑桃蚜（Brachycaudus persicae）。

## 苹果绵蚜
*Eriosoma lanigerum*

| 目 | 半翅目 |
|---|---|
| 科 | 蚜科 |
| 体长 | 1.5~2.5毫米 |
| 分布 | 全世界 |

苹果绵蚜遍布全世界，身体呈红褐色，体表覆有丝状的蜡质保护层。无翅膀的一代栖息于叶片上并深入植物的枝干裂缝和根部。苹果绵蚜从5月开始出现，秋季在树枝上大量繁殖，此时是无性繁殖，每个个体都可产下约100只幼虫。其中，有翅膀和有性别的个体开始出现，并移动到附近的树木上，以扩张它们的入侵范围。

## 粉虱科
*Aleurodidae*

| 目 | 半翅目 |
|---|---|
| 科 | 粉虱科 |
| 体长 | 1~2毫米 |
| 分布 | 温带地区 |

粉虱科昆虫常见于夏末，通常生活在叶片的背面。它的翅膀呈白色，休息时立于暗黄色的身体之上，外表看起来是白色的，但其实是身上覆盖着一层蜡质物质。雌性在叶片背面产卵，幼虫呈绿黄色，可活动很短的时间，之后步足脱落，附着在植物组织上，让自己的身体覆盖在大量白色蜡丝之中。幼虫发育为成虫需要经历4次蜕皮。雌性、受精卵和幼虫在冬季冬眠，但如果处于温室中，就会持续繁殖一整年。由于粉虱科昆虫吸食植物汁液，除为害柑橘树和灌木外，对大多数观赏植物和园艺植物也危害极大。

## 葡萄根瘤蚜
*Phylloxera vastatrix*

| 目 | 半翅目 |
|---|---|
| 科 | 根瘤蚜科 |
| 体长 | 1~1.2毫米 |
| 分布 | 美国、欧洲 |

葡萄根瘤蚜原产于美国，后传入欧洲大陆，是葡萄树真正的祸害。美国葡萄根瘤蚜的生命周期按如下方式运行。夏季结束时，雌性将受精卵产到葡萄树的树皮下，第二年春天，幼虫破壳成为"奠基者"，之后移动到树叶上，形成虫瘿（植物因昆虫取食或产卵而形成的畸形瘤状物），此时雌性进行无性生殖，繁殖的幼虫成为"生产者"。如此，虫瘿和幼虫的数量不断增加，多数会转移到葡萄树的根部。夏末，这些幼虫可发育成有翅膀的雌性，爬出土壤，在葡萄藤上产下两种卵，较大的卵中孕育着雌性，而较小的卵中则孕育着雄性，待它们发育成熟后，便可交配。

欧洲葡萄根瘤蚜的繁殖只有无性生殖方式。

东方提灯蜡蝉炫耀着它色彩鲜艳的外表，外貌特征鲜明——面部极长，形似鼠。

## 东方提灯蜡蝉
*Laternaria candelaria*

| 目：半翅目 |
| 科：蜡蝉科 |
| 体长：4.8~5厘米 |
| 分布：亚洲 |

东方提灯蜡蝉色彩缤纷，头部前方长有黑色的大眼睛；红色吻管极长，上面还有一些白色的斑点，向上弯曲；身体呈橘红色，与翅膀形成鲜明的对比；翅膀呈薄网状、翠绿色，伴有白色和黄色的斑点。

东方提灯蜡蝉以多种热带果树的汁液为食。蜡蝉科的命名是因为人们曾经错误地认为此科的昆虫会发光。不同种类的蜡蝉科昆虫或跳跃、或飞行着移动。其受精卵位于树叶或树枝上，之后雌性用沙土将卵覆盖。

东方提灯蜡蝉因其分泌的蜡质物质而闻名四方。过去，中国人使用这种物质来制作蜡烛，这便是其俗名的由来。

## 南美提灯蜡蝉
*Fulgora laternaria*

| 目：半翅目 |
| 科：蜡蝉科 |
| 体长：7~7.5厘米 |
| 分布：北美洲南部和南美洲 |

南美提灯蜡蝉分布于北美洲南部和南美洲，生活在树叶上。和其他蜡蝉科昆虫一样，南美提灯蜡蝉的颜色和斑纹与蝴蝶很像；头部形状十分特殊，向前延伸，形成类似面具的样子，让人联想到蜥蜴或蛇，延伸的部分装饰有多彩的斑点。南美提灯蜡蝉体型巨大，翅展达15厘米。它的每只后翅上均有一个巨大的圆形斑点，远看很像一只眼睛，当警告捕食者时，它折叠后翅，展示这只"假眼"。

蜡蝉科昆虫以植物汁液为食，但极少对农作物产生危害。雌性在树枝和树叶上产卵，将其用土壤颗粒覆盖，并分泌黏性物质粘合这些颗粒。

111

# 鞘翅目

**有"盾"的昆虫**

鞘翅目昆虫数量庞大，约有35万种，比其他任何目都多。尽管物种的数量众多、色彩形态各不相同，但它们都有一些不易与其他昆虫混淆的特征。

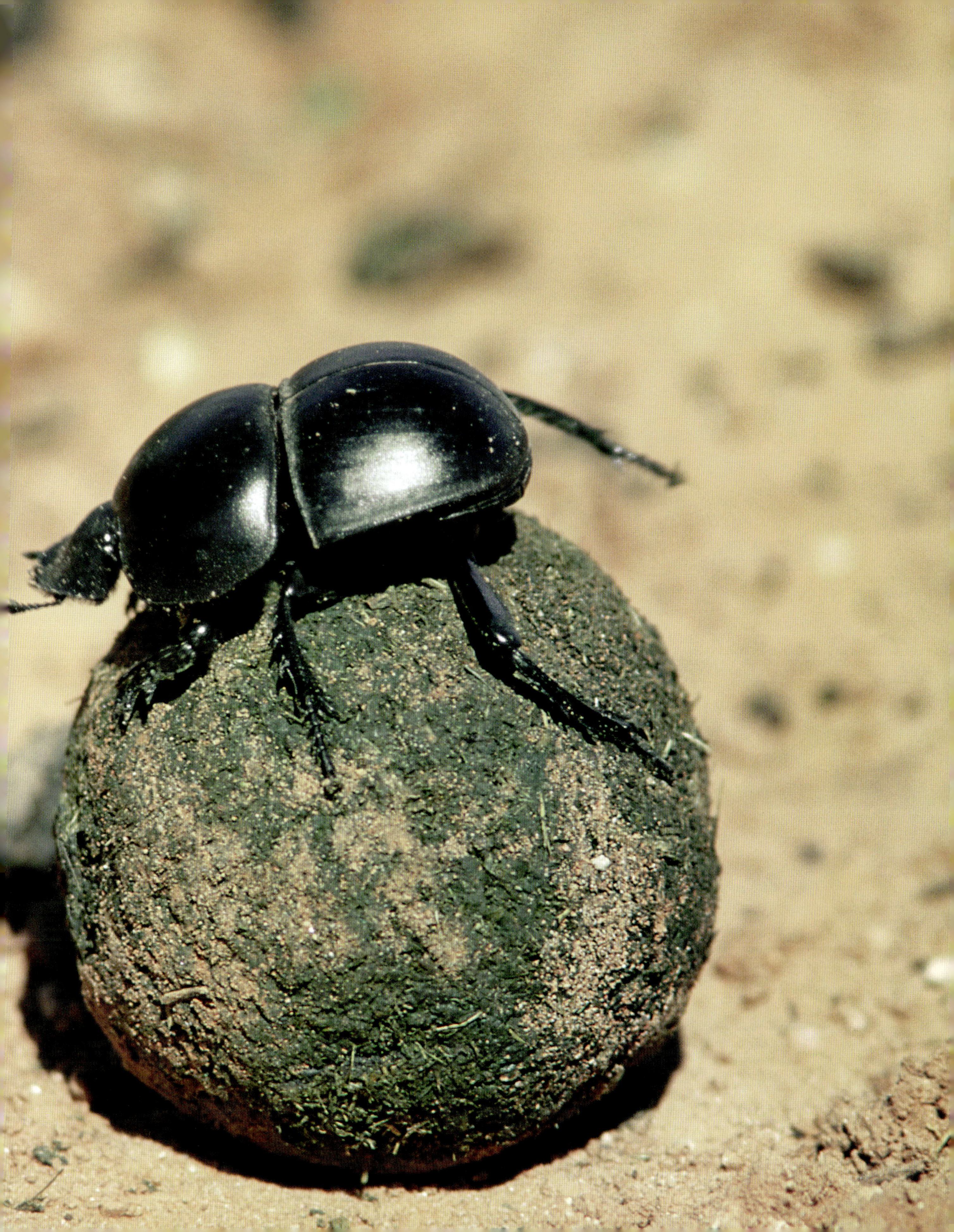

上页图片：圣甲虫；本页图片：七星瓢虫

# 简介

　　鞘翅目昆虫的适应能力极强，已经征服了那些最荒芜的环境——沙漠、高山和岩洞。它们的成功当然离不开身体的保护构造——如同身披坚硬的铠甲。它们的头上有复眼、咀嚼式口器，触角的大小和形状各不相同，步足的结构也根据功能需要有所不同，包括奔跑足、挖掘足、游泳足等。而它们最明显的特征就是具有鞘翅，即第一对翅膀质地坚硬，用以保护第二对膜质翅。

## 绿色虎甲虫
*Cicindela campestris*

| 目 | 鞘翅目 |
|---|---|
| 科 | 虎甲虫科 |
| 体长 | 1.2~1.5厘米 |
| 分布 | 欧洲、西伯利亚、非洲北部 |

绿色虎甲虫分布于欧洲、西伯利亚和非洲北部,可见于初春时节的田地、沙地和谷场。它体型较小,身体长;步足细而长,专门用于奔跑;镰刀形下颚发达,眼睛巨大,触角长。绿色虎甲虫的外壳呈亮绿色,有白色的绚丽斑点。绿色虎甲虫可短距离飞行,捕食昆虫及其幼虫。其幼虫也是猎食者,善于伏击猎物,它在地上挖出一个较深的洞穴,并藏匿其中,只把头部露出来,当猎物靠近时,便闪电般将其抓住,拖回洞内享用。两年后,幼虫在洞穴边挖开一条隧道,并在那里变成有翅成虫。

相近的物种还有虎甲(*Cicindela silvicola*)和杂色虎甲(*Cicindela hybrida*)。

## 金黄步行虫
*Carabus auratus*

| 目 | 鞘翅目 |
|---|---|
| 科 | 步甲科 |
| 体长 | 2~3厘米 |
| 分布 | 欧洲中部 |

金黄步行虫分布于欧洲,从西班牙北部到欧洲中部(这一区域穿过波兰),不过在意大利境内没有分布。金黄步行虫的身体呈绿色,覆有金色光泽。相近的物种金黄地甲虫(*Carabus auronitens*)十分容易与之混淆。金黄步行虫形体优雅、色彩斑斓、装饰丰富,其他鞘翅目昆虫难以望其项背。

金黄步行虫生活于田地和花园中,以蛞蝓、马铃薯甲虫、金龟子和其他农业害虫为食,因此对农业很有益。雌性在春夏季产卵,之后死去;新一代成虫要越冬,出现在夏末。

同科的物种还有步行虫(*Callistus lunatus*)和青步甲属(*Chlaenius*)、梳爪步甲属(*Calathus*)昆虫。

## 疆星步甲
*Calosoma sycophanta*

| 目 | 鞘翅目 |
|---|---|
| 科 | 步甲科 |
| 体长 | 2.5~3.5厘米 |
| 分布 | 古北区 |

疆星步甲分布于古北区,主要生活在树干和树冠之间。它的外壳呈亮绿色和蓝色,善于飞行,捕食鳞翅目昆虫,尤其是那些成串爬行的毛虫和舞毒蛾,也吃甲虫科昆虫,如金龟子。因疆星步甲捕食植物害虫,它被人类从欧洲引入北美洲。夏季初期它便落到地面,准备冬眠。疆星步甲的幼虫也是猎食者,以其他昆虫的幼虫为食。

## 射炮步甲
*Brachinus*

| 目 | 鞘翅目 |
|---|---|
| 科 | 步甲科 |
| 体长 | 4~6毫米 |
| 分布 | 欧洲、西伯利亚 |

射炮步甲属于步甲属,分布于欧洲和西伯利亚,生活在石头下和田地边缘。其名字源自它独特的防卫方式,即从腹部的特殊小囊中喷射出强腐蚀性液体。这种喷射具有一定的压力,伴随着爆裂声,在一定距离内能够听到,可使猎食者迅速逃离。射炮步甲的鞘翅呈亮绿色,身体前部呈淡红色。

## 玉米距步甲
*Zabrus tenebrioides*

| 目 | 鞘翅目 |
|---|---|
| 科 | 步甲科 |
| 体长 | 1.5~2.5厘米 |
| 分布 | 欧洲、小亚细亚半岛 |

玉米距步甲分布于欧洲和小亚细亚半岛,也可见于意大利半岛。它的身体呈黑色,与其他步甲科昆虫不同,以禾本科植物的种子为食。成虫出现在5~6月之间,白天在石头下休息,夜晚爬到谷物秸秆上吞食种子;有时白天外出飞行寻找新的领地。雌性在秋季产卵,通常产卵后马上死亡,但有些情况下也可度过冬天,春季再次产卵。幼虫以树叶为食,度过冬天后生长发育至成虫。

## 粒步甲
*Carabus granulatus*

| 目 | 鞘翅目 |
|---|---|
| 科 | 步甲科 |
| 体长 | 1.6~2.3厘米 |
| 分布 | 古北区 |

粒步甲生活在田野间,在挖好的洞穴或树桩中冬眠。它的身体呈青铜色,有绿色反光,个别是黑色的,鞘翅上有小隆起。雌性在春季产下40多颗卵,长约4毫米。每次蜕皮前,幼虫都躲藏到土壤中,在发育的最后阶段,挖出更深的"房间",在那里进行变态发育。幼虫和成虫均捕食农业害虫,如马铃薯甲虫。

疆星步甲是外壳最美丽的鞘翅目昆虫之一，同时有着绿色和黄色的反光。除特别优雅外，疆星步甲还是农业益虫，自19世纪，便被列入生物防虫的计划之中。

# 欧洲深山锹形虫
*Lucanus cervus*

| | |
|---|---|
| 目： | 鞘翅目 |
| 科： | 锹形虫科 |
| 体长： | 3~7.5厘米 |
| 分布： | 欧洲、小亚细亚半岛 |

欧洲深山锹形虫分布于欧洲和小亚细亚半岛，在意大利境内除岛屿外均有分布，喜阔叶林，可于黄昏或晚间在树干和树枝上观察到它。欧洲深山锹形虫以其特有的二态性著称。雄性是欧洲最大的鞘翅目昆虫，拥有巨大的下颚须，但并不是用来捕食的，而是在繁殖期用于与其他雄性决斗，吸引异性的注意的。雌性体型较小（体长为3~4厘米），下颚不发达。

欧洲深山锹形虫为植食性昆虫，以含糖的植物汁液为食。栎树汁液从破损处渗出并发酵，欧洲深山锹形虫便在树上大量聚集享用。

欧洲深山锹形虫的发育周期为3~5年。雌性在老栎树、榆树或山毛榉的树墩和树干中产卵，幼虫具有强劲的下颚，会在木头中挖出长长的隧道。在发育结束后，幼虫体长可达10厘米，会全力建造一个坚固的"小房间"用于变态发育，在其中变为成虫。成虫于第二年的6月出现，开始新的繁殖期。雄性于7月初死亡，而雌性则可活到8月。

## 咬合的声音

在繁殖期，雄性欧洲深山锹形虫会互相争斗，抢夺雌性。两只雄性在一根树枝上面对面对峙，之后便开始用它们强劲的下颚互相大力推搡，企图将对手推下树枝。角斗并不残酷，一般来说，一方投降或撤退时角斗便结束了。

# 排臭隐翅虫
*Staphylinus olens*

| | |
|---|---|
| 目： | 鞘翅目 |
| 科： | 隐翅虫科 |
| 体长： | 2~2.5厘米 |
| 分布： | 欧洲 |

排臭隐翅虫分布于欧洲，外壳呈黑色，身体结实，鞘翅退化为三角形，仅覆盖第二对翅膀的一部分，第二对翅膀较长，可用于飞行。排臭隐翅虫可释放刺鼻的麝香气味。另外，十分有意思的是，当它感觉到危险或威胁时，会翘起腹部，向高处弯曲，并前后移动，模仿蝎子的进攻姿态。

同科的物种有大隐翅虫（Creophilus maxillosus）。

## 栎黑天牛
### *Cerambyx cerdo*

| 目：鞘翅目 |
| 科：天牛科 |
| 体长：2.5~5厘米 |
| 分布：欧洲 |

栎黑天牛分布于欧洲，常见于栎树林，是欧洲最大的天牛科昆虫之一。栎黑天牛的外壳呈淡棕色，边缘有突起；触角形如项链，长度远超体长，雄性的触角要比雌性的发达；步足细长，末端有尖锐的趾甲。

成虫活跃于夜间的灌木丛中，主要以树干中渗出的汁液为食。幼虫体型较大（体长为4~8厘米），在栎树树干中挖掘指头粗的椭圆形通道，在其中生活3~4年。成虫在树干中冬眠，春季外出交配，雌性用下颚切开树皮后，在其中产卵。

## 罗萨琳天牛
### *Rosalia alpina*

| 目：鞘翅目 |
| 科：天牛科 |
| 体长：1.5~4厘米 |
| 分布：欧洲中南部、中东地区 |

罗萨琳天牛分布于欧洲中南部和中东地区，生活在丘陵和山地的山毛榉林和灌木丛中。它的鞘翅呈蓝灰色，有大小不一的黑色斑点；触角的各节上布满细小的毛。罗萨琳天牛在日光下很活跃，最多从6月活到8月，少数能够活到9月。幼虫在山毛榉的老树干中发育，因为老树干长期暴露在阳光下，变得十分干燥，而幼虫正需要保持身体干燥，这种要求十分特殊，因此罗萨琳天牛较为罕见。

## 杨红颈天牛
### *Aromia moschata*

| 目：鞘翅目 |
| 科：天牛科 |
| 体长：1.3~3.5厘米 |
| 分布：欧洲、西伯利亚、日本 |

杨红颈天牛分布于欧洲、西伯利亚、日本，以其极多变的颜色著称。一般来说，它的鞘翅和身体前半部分呈绿色，带有蓝色的金属光泽，但蓝色也可以是主色调；另外，也有紫罗兰色、青铜色、紫色甚至暗黑色的个体。成虫的活跃期为6~8月，主要在阔叶植物上活动，会释放一种有穿透性的麝香气味；幼虫多在柳树上生长发育，也可以在其他落叶早的树木（如杨树和桤木）上生活。

## 血叶甲
### *Chrysomela sanguinolenta*

| 目：鞘翅目 |
| 科：叶甲科 |
| 体长：6~9毫米 |
| 分布：欧洲（除地中海地区外）、亚洲 |

血叶甲生活在除地中海地区外的欧洲和亚洲。血叶甲十分容易辨认，它的鞘翅边缘有红色的细条纹，外壳呈黑色；身体粗壮，呈椭圆形，有细丝状触角和短粗的下颚。成虫的活跃期为3~10月，可在沙土环境中观察到它。

相近的属有叶甲属（Timarcha）和隐头叶甲属（Cryptocephalus）。

119

### 小蠹
***Scolytus scolytus***

| 目 | 鞘翅目 |
|---|---|
| 科 | 小蠹科 |
| 体长 | 3~6毫米 |
| 分布 | 欧洲、外高加索、北美洲 |

小蠹分布于欧洲、外高加索和北美洲，对树木的危害巨大。雌性在老榆树的树皮下挖掘主隧道（长4~6厘米），并在隧道两边产卵；从这条隧道出发，幼虫会修建大量的隧道分支，分支的尽头是它们用于变态发育的"小房间"。之后，新一代成虫便在树皮上打洞钻出。

一般来说，被小蠹侵袭的榆树都会死亡，但不是因为小蠹，而是因为榆枯萎病菌（Ceratocystis ulmi）的入侵，而小蠹会传播这种病菌的孢子。

### 桦绿卷叶象虫
***Byctiscus betulae***

| 目 | 鞘翅目 |
|---|---|
| 科 | 卷象科 |
| 体长 | 2.5~4毫米 |
| 分布 | 欧洲、西伯利亚、蒙古、非洲北部 |

桦绿卷叶象虫将卵产在桦树（或杨树、山毛榉）的树叶上，并熟练地将树叶卷起来。为完成这一操作，雌性一开始将叶片切割至中央叶脉处，之后把叶片紧紧地卷到自己身上，活像一根扁扁的雪茄。准备工作结束后，雌性用下颚切割树叶卷的四边，并在其中产卵。几周后，"雪茄"落到地面上，幼虫从中爬出，进入地下，完成变态发育。

### 豌豆象
***Bruchus pisorum***

| 目 | 鞘翅目 |
|---|---|
| 科 | 豆象科 |
| 体长 | 4~5毫米 |
| 分布 | 全世界 |

豌豆象在全世界范围内均有分布。成虫体型小，身体呈褐色，在储物间或仓库的种子内过冬，春天爬出，以家禽粪肥为食，寻找种植豌豆的田地，并在那里进行交配；雌性将卵产到豌豆的豆荚上，幼虫破壳后便钻到豆荚里面，以豌豆为食。幼虫在豌豆中生长约45天，之后完成变态发育，进入成虫阶段，但仍在豌豆内越冬，直到第二年春天。

具有类似生长过程的昆虫还有蚕豆象（*Bruchus rufimanus*）。

## 栗实象甲
*Curculio elephas*

| 目 | 鞘翅目 |
|---|---|
| 科 | 拟步甲科 |
| 体长 | 3~4毫米 |
| 分布 | 全世界 |

栗实象甲分布于全世界，它的特点是有长长的喙，在喙的一半处有一对弯曲的触角。雌性的产卵方式很独特：首先用喙刺穿板栗或橡子果实的外壳；然后挖出一条隧道，将一颗卵产在隧道末端；最后小心地封好隧道口。

幼虫在板栗或橡子中成长，当秋季果实落地时，它们便爬出来钻入土壤，在那里进行变态发育。第二年春天，成虫从地下爬出，进行交配、繁殖。

相近的物种有榛实象甲（Curculio nucum）和樱桃象甲（Curculio cerasi）。

栗实象甲。同属的物种对农作物均有害。从图中可见栗实象甲弯曲的膝状触角，这是它喙部的绝美装饰。

## 马铃薯甲虫
*Doryphora decemlineata*

| 目 | 鞘翅目 |
|---|---|
| 科 | 叶甲科 |
| 体长 | 6~11毫米 |
| 分布 | 全世界 |

马铃薯甲虫原产于北美洲，之后跟随其栖居的植物被人类带到世界各地。马铃薯甲虫常见于马铃薯上，但也侵害茄子、颠茄、曼陀罗、烟草和其他茄科植物。它的鞘翅上有条纹，呈黄色和黑色，这一特点使其不易与其他物种混淆。马铃薯甲虫产卵后将卵集中在一起，粘到叶片背面；幼虫呈亮红色，腹部两边有黑点。幼虫的生长速度极快，发育结束后便钻入土中，完成变态发育，只需2周左右，新一代成虫就能破土而出。马铃薯甲虫每年繁殖2~3代，是对马铃薯和茄子危害最大的物种之一。

叶甲科还包括对农业危害极大的跳甲属（Altica）昆虫。

## 黄粉虫
*Tenebrio molitor*

| 目 | 鞘翅目 |
|---|---|
| 科 | 拟步甲科 |
| 体长 | 1.2~1.5厘米 |
| 分布 | 全世界 |

黄粉虫分布于世界各地，外壳完全呈黑色。"黄粉虫"的名字源于其幼虫生活在磨坊（其拉丁语学名中的molitor意为"磨坊主"）、面粉或其他粮食的仓库之中，经常给人类造成巨大的损失。它的身体呈赭石色，形似蠕虫，幼虫完全发育后比成虫体型还大。黄粉虫的生育能力极强（雌性每日最多可产40颗卵），幼虫（体长可达2.8厘米）可作为鸟饲料或鱼饵。

其他侵袭人类仓库的拟步甲科昆虫还有拟谷盗属（Tribolium）昆虫，如赤拟谷盗（Tribolium castaneum）和杂拟谷盗（Tribolium confusum）。

大黑琵甲（Blaps gigas）是典型的生活在地窖和阴暗处的物种，如果被骚扰，它就会分泌一种奇臭无比的液体。

## 梨花象
*Anthonomus pomorum*

| 目 | 鞘翅目 |
|---|---|
| 科 | 象甲科 |
| 体长 | 3.4~4.3毫米 |
| 分布 | 欧洲、亚洲、非洲北部 |

梨花象分布于欧洲、亚洲和非洲北部，后被引入北美洲，对果园危害很大。它通体呈黑色，有长喙，早春就会出现，吞食苹果树和梨树的花苞，导致果树无法开花结果。雌性于3月初将卵产到花苞内，幼虫生长迅速，2周后便可成熟，迅速进入休眠状态，等待第二年春天的到来。

## 米象
*Sitophilus oryzae*

| 目 | 鞘翅目 |
|---|---|
| 科 | 象甲科 |
| 体长 | 2.5~3毫米 |
| 分布 | 全世界 |

米象原产于印度，如今已遍布全世界，是人类食品的灾难。它的生活的环境温度为14~35摄氏度，最佳繁殖温度为30摄氏度左右。它体型小，喙长为体长的1/4，形似鼻子，末端有两个结实的下颚。相近的物种有玉米象鼻虫（Sitophilus zeamais）、谷象（Sitophilus granarius）。同科的属有还耳喙象属（Otiorrhynchus），包括武装耳喙象（Armatus）、食腐耳喙象（Corruptor）、黑耳喙象（Niger）等；绿象属（Chlorophanes），包括大绿象（Viridis）、禾生绿象（Graminicola）等。

### 棕榈的灾难

棕榈象甲（Rhynchophorus ferrugineus）原产于东南亚，体长可达5厘米，遍布世界各地，对全世界的棕榈来说，它是真正的灾难。不久前它被传入意大利，尤其在西西里岛造成了巨大的损失。专家们正在研究预防及防治棕榈象甲的多种方法，但目前几乎无法阻止它的入侵。

## 二星瓢虫
*Adalia bipunctata*

| 目 | 鞘翅目 |
|---|---|
| 科 | 瓢虫科 |
| 体长 | 3.5~5.5毫米 |
| 分布 | 欧洲、西伯利亚 |

二星瓢虫是一种体型极小的鞘翅目昆虫，分布于欧洲和西伯利亚。它最独特的地方是红色的鞘翅，每个翅膀上均有一个黑色的斑点。二星瓢虫的幼虫和成虫都是蚜虫捕食者，捕食区域为草本植物、树木和灌木丛。只需约3周的时间，二星瓢虫的幼虫就能发育为成虫。幼虫阶段的最后两个阶段和成虫阶段，是二星瓢虫食量最大的时候，每天最多能吃下100只蚜虫。

## 七星瓢虫
*Coccinella septempunctata*

| 目 | 鞘翅目 |
|---|---|
| 科 | 瓢虫科 |
| 体长 | 5~8毫米 |
| 分布 | 欧洲、亚洲、非洲北部 |

七星瓢虫分布于欧洲、亚洲和非洲北部，生活在不同的环境中，可见于任何被蚜虫侵袭的植物上。一般来说，它的身体呈橘红色，鞘翅上有七个黑色斑点（形状和大小各异）；部分斑点有可能汇集到一起，或缺失。成虫一般群居度过冬天，冬眠地点多为石头、树皮下、草簇间，苔藓中或阳台角落里。春天，七星瓢虫在阳光充足的地方（如平原和山地）出现，进入繁殖阶段。

交配后，雌性将黄色的卵产在树叶上，常将卵产到大量蚜虫中间，以保证幼虫破壳时有充足的食物供给。幼虫身体狭长，呈蓝灰色，斑点呈黑色和黄色，以蚜虫和其他种类的胭脂虫为食。幼虫发育完成后，腹部附着于树叶上，过渡到蛹阶段，呈橙色，有黑色的斑点和条纹。约1周后，成虫破蛹飞出。七星瓢虫是农业益虫之一，对农业经济和森林经济有着重要影响，能够摧毁蚜虫和胭脂虫的整个群落。

## 二十二星瓢虫
*Thea vigintiduopunctata*

| 目 | 鞘翅目 |
|---|---|
| 科 | 瓢虫科 |
| 体长 | 3~4.5毫米 |
| 分布 | 欧洲、西伯利亚 |

二十二星瓢虫的鞘翅呈金黄色，伴有明显的黑色斑点。其食性与其他瓢虫完全不同——以叶片上的寄生真菌为食，尤其偏爱那些侵袭蔷薇科植物的真菌。如果说二十二星瓢虫是人类的益虫，那是因为它摧毁了大量的孢子和有害真菌；但在另一方面，它却是有害的，因为它在活动的过程中无意中会携带真菌，感染其他健康的植物。

## 澳洲瓢虫
*Rodolia cardinalis*

| 目 | 鞘翅目 |
|---|---|
| 科 | 瓢虫科 |
| 体长 | 2~4毫米 |
| 分布 | 全世界 |

澳洲瓢虫遍布全世界，成虫呈半球形，身体上覆盖了一层浓密的短毛；外壳呈紫红色，伴有黑色斑点，斑点边缘模糊。幼虫长约5厘米，发育完全后，呈红色，胸部有黑色斑点。澳洲瓢虫的生命周期很短，在热带地区每年可繁殖8代，在意大利境内每年可繁殖5~6代；雌性多产（每个月产300~600颗卵）。幼虫和成虫紧张地捕食胭脂虫，使得澳洲瓢虫成为第一批用于生物防治的昆虫。可以说，澳洲瓢虫是现如今柑橘种植者最忠实的盟友。

## 生物防治中的胜利者

瓢虫是生物防治蚜虫和胭脂虫的最佳选择。专业机构的研究显示，在一只瓢虫的生命周期中，从幼虫到成虫最多可以消灭8000只蚜虫。瓢虫中较有名的孟氏隐唇瓢虫（Cryptolaemus montrouzieri），原产于澳大利亚，现用于全世界范围内针对柑橘胭脂虫的生物防治。

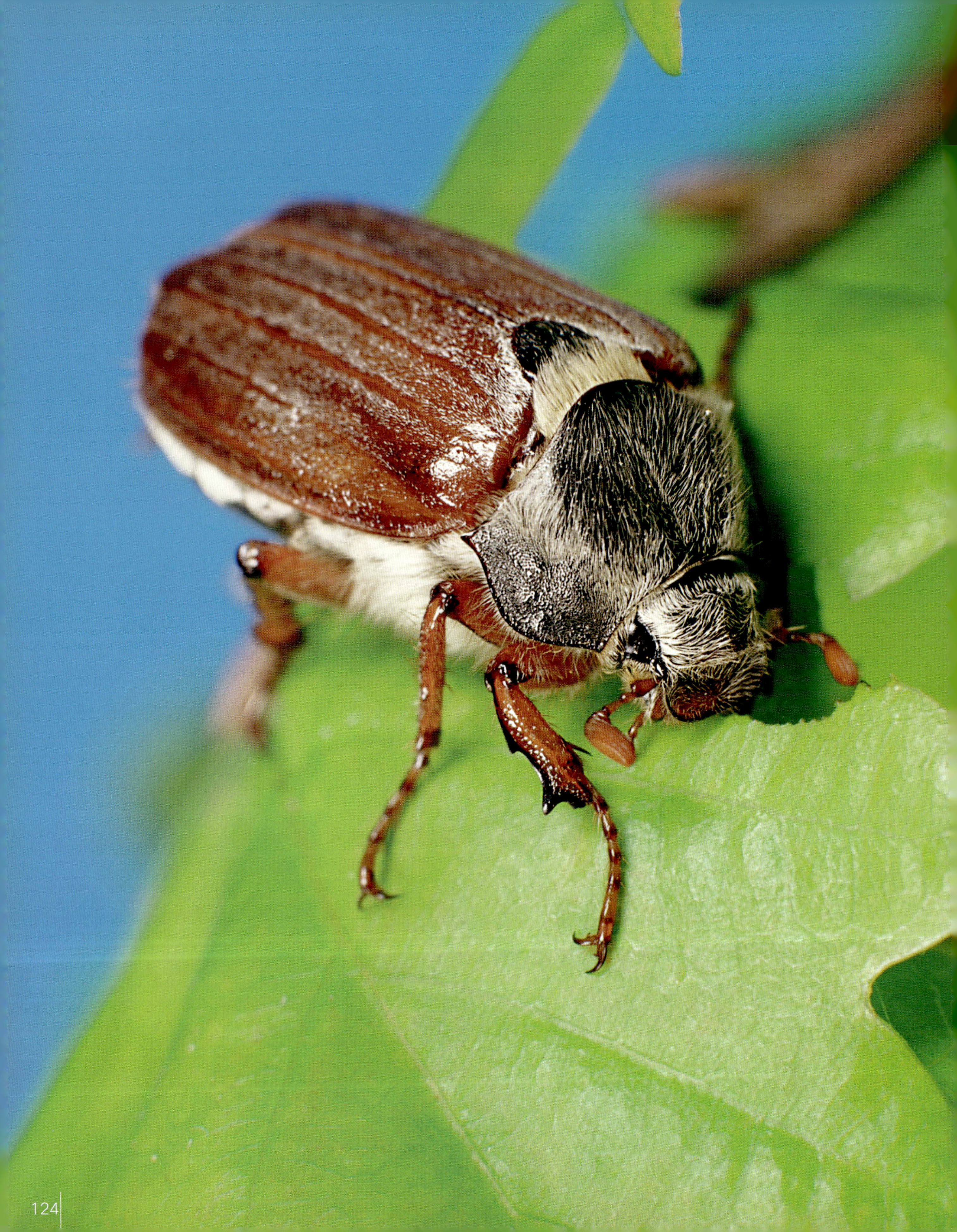

## 鳃角金龟
### *Melolontha melolontha*

| 目 | 鞘翅目 |
|---|---|
| 科 | 鳃金龟科 |
| 体长 | 2~3厘米 |
| 分布 | 欧洲 |

鳃角金龟分布于欧洲（除西班牙外），在意大利相当常见。成虫的外壳呈棕黑色，鞘翅上分布有纵向的翅脉，腹部向下延伸至尾部，末端呈尖状。雄性的触角较大，呈扇状，由7段薄片组成；雌性的触角较小，由6段薄片组成。鳃角金龟的飞行方式十分特殊，先纵向起飞，再横向继续飞行。

鳃角金龟的成虫出现在5月，雌性在交配后将卵产到距地面5~20厘米的土壤中。幼虫生活在地下，以植物根部为食，根据气候条件的不同，幼虫发育为成虫所需的时间为3~5年不等。当天气干旱，冬季即将来临时，幼虫会向更深的地下移动；秋季，新一代成虫就已发育完全，但会留在地下度过整个冬天。鳃角金龟在春季成群出现，数量庞大，尤喜吞食柳树和果树的树叶和嫩芽，有时会给人类造成十分重大的损失。

相近的物种有大栗鳃金龟（Melolontha hippocastani）和五月鳃金龟（Melolontha pectoralis）。

## 金花金龟
### *Cetonia aurata*

| 目 | 鞘翅目 |
|---|---|
| 科 | 花金龟亚科 |
| 体长 | 1.4~2厘米 |
| 分布 | 欧洲、小亚细亚半岛、中东地区、西伯利亚 |

金花金龟分布于欧洲、小亚细亚半岛、中东地区和西伯利亚。金花金龟的身体呈椭圆形，外壳和鞘翅为金绿色，头部扁平，触角短。金花金龟飞行时，飞行翅从鞘翅外边缘伸出来，鞘翅则闭合附在身体上；幼虫生活在树洞、树墩、肥沃的菜园和花园中，有时甚至在蚂蚁窝中。由于金花金龟成虫以花朵为食，所以对花卉栽培有巨大的破坏性。金花金龟有大量的亚种，如意大利境内的比萨金花金龟（Pisana）。

铜花金龟（Potosia cuprea）比金花金龟更加惹眼，体色中充满青铜色的金属光泽，体型很大，在意大利境内十分常见，幼虫在蚂蚁窝中生活。

## 粪堆粪金龟
### *Geotrupes stercorarius*

| 目 | 鞘翅目 |
|---|---|
| 科 | 粪金龟科 |
| 体长 | 1.6~2.5厘米 |
| 分布 | 欧洲、非洲、亚洲 |

粪堆粪金龟的身体呈黑色，有金属光泽；头部巨大，复眼发达；触角明显，呈杵状。它最重要的特点是以粪便为主要食物（因此而得名）和它照料后代的方式。

秋季，雄性和雌性共同修建巢穴，在土壤中挖掘一条纵向的通道，之后雌性向两边开掘大量横向的隧道，每条隧道的末端均有一个宽敞的"房间"。每个"房间"里都充满了粪便，仅在最里面留出一部分空间用于产卵，如此幼虫便无须担心食物问题了。它的发育周期为2年，新一代成虫在7月完成发育，但在地下的小"房间"内冬眠，等待第二年春天的到来。

具有类似习性的物种还有地孔金龟属（Geotrupes）昆虫和双齿禾犀金龟（Pentodon punctatus）。

## 疯狂的鳃角金龟幼虫

鳃角金龟的幼虫体型较大，体长可达4厘米，呈C形弯曲，其他鳃金龟科的昆虫也是如此。它的身体呈淡白色，头部和步足呈橙色，腹部末端十分巨大。鳃角金龟食性贪婪，以鲜嫩的植物根部为主要食物，因此对菜园、苗圃和农作物危害极大。

## 云鳃金龟
### *Polyphylla fullo*

| 目 | 鞘翅目 |
|---|---|
| 科 | 鳃金龟科 |
| 体长 | 2.5~3.6厘米 |
| 分布 | 欧洲、外高加索 |

云鳃金龟有两个独有的特点：外壳呈大理石白和黑色；雄性的扇状触角由7段长薄片构成（雌性为5段短薄片）。黄昏至深夜是云鳃金龟的活跃时间。它生活在松林或葡萄园附近。雌性将卵产在灌木和葡萄园边缘的沙土中；幼虫以多种草本植物和葡萄树的根部为食，发育周期一般为4年，有时长达5年。

## 粪金龟
### *Typhoeus typhoeus*

| 目 | 鞘翅目 |
|---|---|
| 科 | 粪金龟科 |
| 体长 | 1.8~2厘米 |
| 分布 | 欧洲 |

粪金龟分布于欧洲，其典型特点是前胸部有一个基部大而向上逐渐尖细的角突，外壳呈亮黑色。值得一提的是，粪金龟雌雄性在繁殖期极具合作精神；雌性挖掘隧道，并在其中产卵；雄性则费劲地将挖出的土带出地面。这一工程完成后，除了雌性选择产卵的那条隧道，其余的隧道都会被填满粪便。

125

## 幼虫的梨形巢穴

雌性圣甲虫产卵时，会对粪球进行一系列重要操作：首先在粪球上部挖一个小洞，并在其中产卵，之后在洞口周围筑起"薄墙"并封死洞口，形成一个完整的梨状。幼虫破壳后，就会有现成的食物供应，足以支撑到它们完成变态发育。

### 巨犀金龟
*Dynastes hercules*

| | |
|---|---|
| 目 | 鞘翅目 |
| 科 | 金龟科 |
| 体长 | 8~18厘米 |
| 分布 | 墨西哥、玻利维亚、亚马孙地区、加勒比地区 |

巨犀金龟分布于墨西哥、玻利维亚、亚马孙地区、加勒比地区，常见于森林、海岸和海拔1000米的山地环境中。巨犀金龟是一种体型巨大的鞘翅目昆虫，尤其是雄性。但是需要注意的是，体长约18厘米的雄性，身体的很大一部分是它头部前方的分叉角。它的身体呈黑色，鞘翅呈暗黄色，有不规则的褐色斑点。

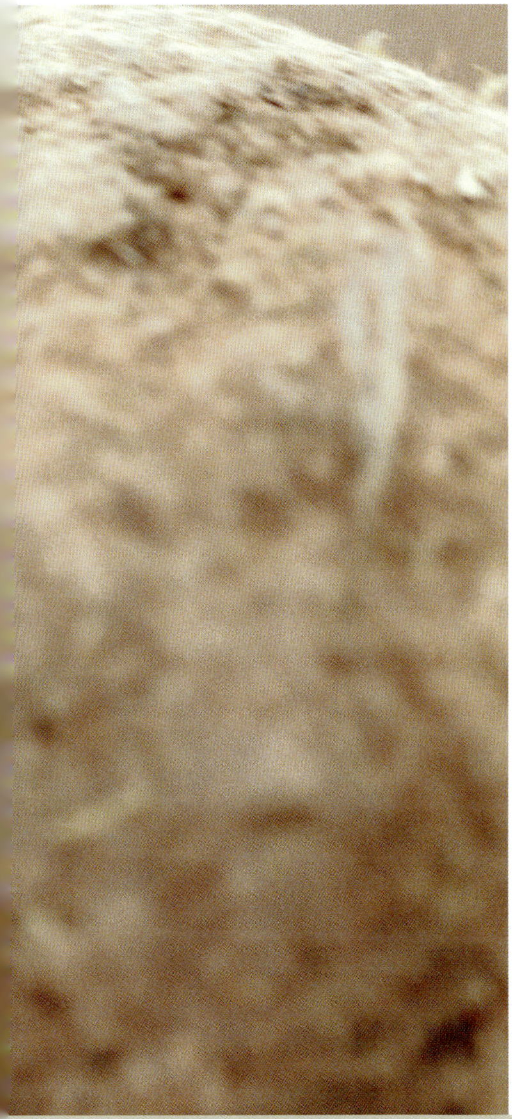

## 圣甲虫
*Scarabaeus sacer*

| 目 | 鞘翅目 |
|---|---|
| 科 | 金龟科 |
| 体长 | 2~2.5厘米 |
| 分布 | 地中海地区 |

圣甲虫分布于地中海地区，生活在干燥、阳光充足的环境，常见于哺乳动物的粪便中。圣甲虫通体呈亮黑色。繁殖期（夏末）开始时，雌雄性组成伴侣，共同寻找适合产卵的地点，并挖掘地下巢穴，由纵向的隧道构成。圣甲虫的前足粗壮，外边缘处有用于开掘的锯齿。巢穴完成后，圣甲虫伴侣便飞出巢穴寻找粪便，找到后先取一小块，将其滚成直径为3~4厘米的粪球，然后用后足将粪球滚向巢穴。每条隧道都放入粪球后，雄性离开巢穴，雌性开始产卵。幼虫到第二年春天才会破壳而出，并在隧道中生活3~4个月，以巢穴内的粪便为食，直到变态发育完成。

相近的物种有麻点粪金龟（Scarabaeus semipunctatus）和宽颈粪金龟（Scarabaeus laticollis）。

## 角蛀犀金龟
*Oryctes nasicornis*

| 目 | 鞘翅目 |
|---|---|
| 科 | 金龟科 |
| 体长 | 2~2.5厘米 |
| 分布 | 亚欧大陆、近东地区、非洲北部 |

角蛀犀金龟分布于亚欧大陆、近东地区和非洲北部，生活在森林中，也可适应人类生活环境。它的胸部呈黑色，鞘翅呈红褐色，常见于黄昏和晚间，白天极少见。黑夜降临，成虫从土壤中的巢穴里爬出，寻找伴侣交配。成虫的生命仅有2个月，这一阶段它们不吃东西。成虫在地面上交配，雌性将卵产到腐木或植物碎屑中。2周后幼虫破壳，身体呈C形，在它们经历的第二个夏天变为成虫，但仍需要留在茧中，直至下一个春天。

## 银背大角花金龟
*Goliathus cacicus*

| 目 | 鞘翅目 |
|---|---|
| 科 | 金龟科 |
| 体长 | 11~12厘米 |
| 分布 | 非洲西部 |

银背大角花金龟重约115克，是世界上最重的昆虫。银背大角花金龟生活在非洲西部的热带雨林中，以植物汁液和果实为食。雄性的胸部呈褐色，伴有黑色条纹，鞘翅颜色较浅，伴有黑色斑点。雌性体型较小，外壳并不引人注目。幼虫最长可达15厘米，能进行一项重要的工作，即分解腐烂的植物，使有机物质回到土壤中。银背大角花金龟在飞行时可发出类似无线遥控飞机的"嗡嗡"声。

## 镰蜣螂
*Copris lunaris*

| 目 | 鞘翅目 |
|---|---|
| 科 | 金龟科 |
| 体长 | 1.5~2厘米 |
| 分布 | 欧洲 |

镰蜣螂分布于欧洲，包括意大利（除撒丁岛外）。雄性身体短小而凸起，呈亮黑色；头上有一只长角，多处凸起；鞘翅上有条纹。雌性的角较短，呈叉形，凸起较小。成虫活跃在4~11月，多在黄昏和夜间活动。为了保证幼虫存活，镰蜣螂在粪便中开掘隧道，隧道末端是一个空间极大的"房间"，雌雄性在"房间"中囤积粪便，以便之后雌性在其中产卵。

## 斑蝥
*Lytta vesicatoria*

| 目 | 鞘翅目 |
|---|---|
| 科 | 芫菁科 |
| 体长 | 1~2厘米 |
| 分布 | 欧洲、西伯利亚 |

斑蝥又称西班牙蝇，分布于欧洲（尤其是中欧和南欧）和西伯利亚。它的外壳呈亮绿色，但能释放一股穿透性极强、味道恶心的气体。它将卵产在蜜蜂的蜂巢附近，其幼虫可进入蜂巢，完成复杂的发育过程。在所有芫菁科昆虫中，斑蝥是含斑蝥素最多的一种。斑蝥素可用于制作毒药，也是古代和文艺复兴时期常用的药物。这种毒素可对人类的肾脏产生严重的损伤，致死量为0.03克。

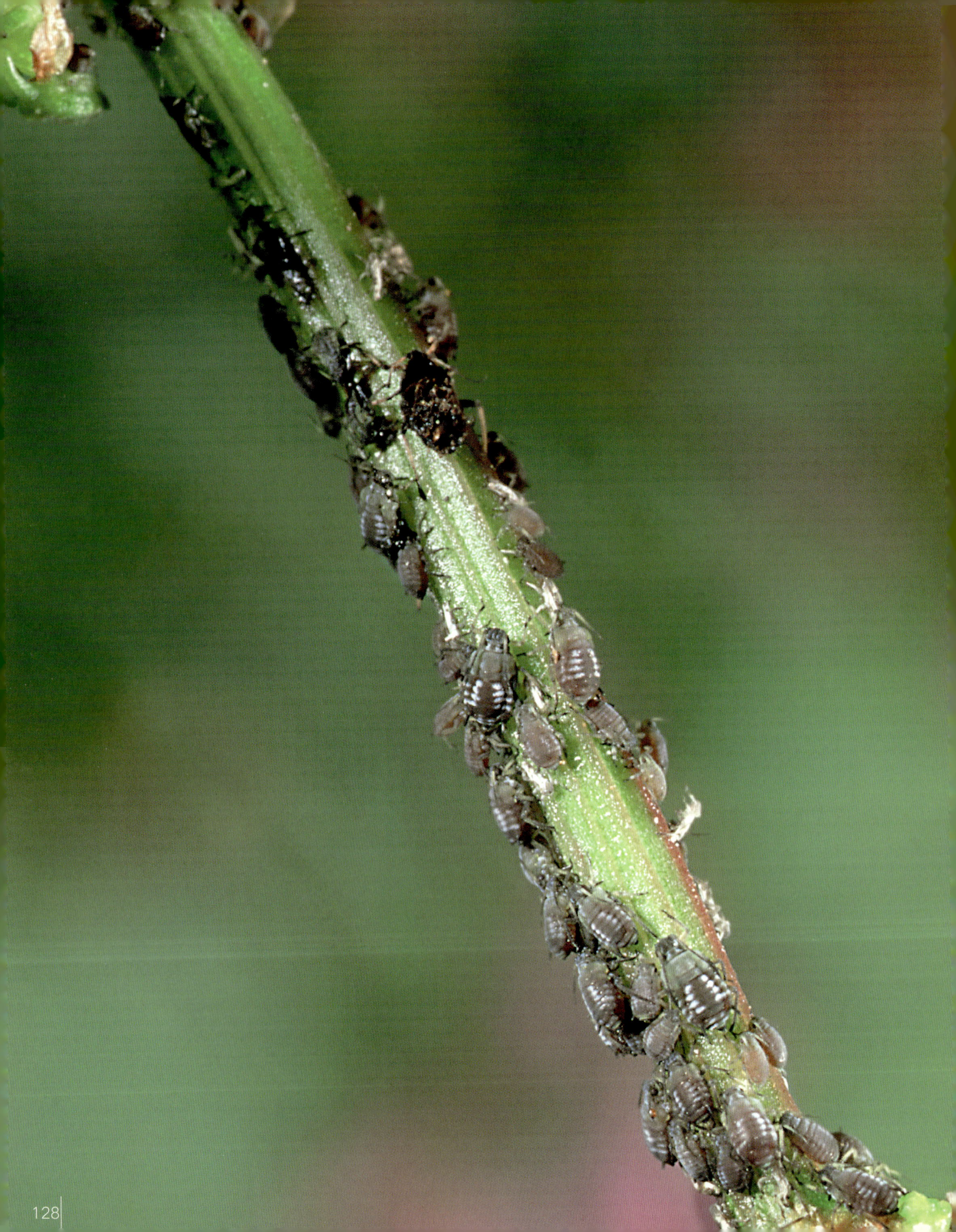

图为七星瓢虫展开鞘翅，接近被寄生虫侵袭的植物茎部。七星瓢虫可摧毁蚜虫和胭脂虫的整个群落，对农业经济和森林经济有着重要的作用。

## 红斑尼葬甲
*Necrophorus vespilloides*

| | |
|---|---|
| 目 | 鞘翅目 |
| 科 | 埋葬甲科 |
| 体长 | 1~1.8厘米 |
| 分布 | 古北区 |

红斑尼葬甲分布于古北区，其特点为黑色鞘翅上装饰着橘红色斑点。红斑尼葬甲以小型动物（老鼠、鼹鼠、小鸟）的腐烂尸体为食。一般来说，一具动物尸体周围常聚集了多只红斑尼葬甲，它们互相争斗，抢夺食物，直到最后剩下一对伴侣，这对伴侣将腐尸埋到土里，作为以后雌性和幼虫的储备食物。

雌性将卵产在腐尸附近的小土坑内，幼虫在破壳后即可移动到储备食物附近，由雌性喂食，有时雄性也承担喂养的责任。幼虫的发育阶段结束后，会躲进腐尸的内部，完成最后的变态发育。

有相似习性的物种为调查者葬甲（Necrophorus vestigator）。

## 龙虱
*Dytiscus marginalis*

| | |
|---|---|
| 目 | 鞘翅目 |
| 科 | 龙虱科 |
| 体长 | 3~3.5厘米 |
| 分布 | 欧洲、高加索地区、西伯利亚、日本 |

龙虱分布于欧洲、高加索地区、西伯利亚和日本，生活在静水环境中，喜较深的水层，每小时浮出水面4~7次，以呼吸新鲜空气。龙虱的身体构造和步足构造使它完全适应了水中的生活，但它仍具有翅膀，且善于飞行。

龙虱以水中的微生物和动物尸体为食。其幼虫也是捕食者，下颚内部有一条细管，向腐尸中注射分解蛋白质的物质，然后吮吸汁液。幼虫发育完成后，离开水环境，在河岸上进行变态发育。

在意大利境内还有一种龙虱科的昆虫——双斑龙虱（Agabus biguttatus）。

## 发光虫
*Lampyris noctiluca*

| | |
|---|---|
| 目 | 鞘翅目 |
| 科 | 萤科 |
| 体长 | 5~30毫米 |
| 分布 | 欧洲 |

发光虫分布于欧洲，生活在乡村、草地、矮树丛和田地等环境中。发光虫体型较小，呈淡褐色，可发光，用于吸引异性。成虫的生命极短（约30天），仅不定期进食，将全部时间用于寻找伴侣和交配繁殖。它主要在夜间活动，尤其是6月炎热潮湿的晚上。雄性翅膀发达，不停地飞行；而雌性无翅膀，爬到树枝顶端，间歇发出规则的闪光。雌性将卵产在土壤的小洞中，幼虫食肉，尤喜蜗牛。

同科的物种还有北美萤火虫（见右图，Photinus pyralis）、意大利萤火虫（Luciola italica）和葡萄牙萤火虫（Luciola lusitanica）。

## 德国葬甲
*Necrophorus germanicus*

| | |
|---|---|
| 目 | 鞘翅目 |
| 科 | 埋葬甲科 |
| 体长 | 2~3厘米 |
| 分布 | 欧洲、高加索地区、中东地区 |

德国葬甲是欧洲体型最大的葬甲。它非扁平的身体很容易辨认，外壳完全呈黑色；触角很显眼，末端为杵状，也呈黑色。

德国葬甲在夜间尤其活跃，以动物（如田鼠、家鼠和鼹鼠）死尸为食，但也受粪便气味的吸引，因此有时也攻击蛴螬。德国葬甲体型巨大，有时也与小型埋葬甲科昆虫竞争，从它们那里掠取食物。

## 豉甲科
*Gyrinidae*

| | |
|---|---|
| 目 | 鞘翅目 |
| 科 | 豉甲科 |
| 体长 | 3~3.5厘米 |
| 分布 | 欧洲 |

豉甲科昆虫生活在流速较缓的河流和池塘的上层。它们的身体构造体现了对环境的适应，如腹部扁平，符合流体动力学原理；第二、三对步足分化成小型的桨状。豉甲科昆虫呈亮黑色，外壳表面有折射日光的效果，如同水面的粼光。它们快速划水的方式十分奇特，从不以直线滑行，而是以之字形突然行动。

## 黑栗色水龟甲
*Hydrous piceus*

| | |
|---|---|
| 目 | 鞘翅目 |
| 科 | 水龟甲科 |
| 体长 | 3.7~4.7厘米 |
| 分布 | 古北区、印度北部、巴基斯坦 |

黑栗色水龟甲是水龟甲科中体型最大的昆虫，分布于古北区、印度北部和巴基斯坦。它的身体呈黑色，腹部有一条十分尖锐的隆脊。黑栗色水龟甲是水生昆虫，需要浮上水面呼吸，呼吸时将头部抬出水面，并用短触角将气泡划动至气门处。在繁殖期，雌性会为后代制造"孵化器"：首先寻找漂浮的树叶，之后吐丝将树叶编织起来，在腹部附近形成一个小盒子，然后在盒子中下约50颗卵，最后将树叶封死，让树叶如船一般在水面上漂浮。

## 萤火虫的"大灯"

　　萤火虫的发光器位于腹部末端,由一个细胞群构成,通过复杂的化学反应,产生一种名叫荧光素的物质,以黄绿色光的形式释放能量。这个细胞群的前方被一层完全透明的细胞覆盖,黄绿色光经过这层细胞的散射,变得十分明亮,就像汽车的前大灯。

# 聚焦

## 鞘翅目昆虫的好与坏

### 益虫与害虫

在物种数量众多的鞘翅目世界中，有一些对农业和环境有害的物种。一般来说，但并不是绝对的，它们的幼虫会给农业造成巨大的损失，而成虫都是农民的好帮手。要想对某种昆虫是"害虫"还是"益虫"做出正确的评判，就必须考虑一个基本的要素，即它是否为生态平衡做出贡献。实际上，只要不打破大自然的平衡规则，"害虫"就不可能过度繁殖，而"益虫"则可以充分地完成帮助农业生产的任务。

粪金龟在大象的粪便上

## 大自然的清道夫

各类动物中都包括一些以腐尸或动物排泄物为食的物种。人们曾经看不起这些物种，如今却因为它们快速有效地回收腐烂物质而十分看重它们。它们的存在避免了各类腐烂物引发严重流行性传染病。在鞘翅目中，有些科的物种十分珍稀，它们是大自然的清道夫。比如埋葬甲科、隐翅虫科和金龟科昆虫，它们不仅以动物尸体、正在腐烂的有机物质和粪便为食，还不停地掩埋这些物质，再加上它们开掘隧道的强大能力，使得大量小型动物尸体和粪便得到了有效处理。

## 步甲科昆虫，自然环境的"温度计"

步甲科昆虫专门捕食对植被有害的物种，虽然它们并不专业，但可在地上和地下捕食。它们对人类还有另一用处：在国际上，对步甲科昆虫的数量统计可用于评价某地环境恶化的程度。换句话说，步甲科昆虫是衡量生态系统现状和人类活动对环境干扰程度的有效生物指标。当大量的人类活动引起生态系统反常时，步甲科昆虫的数量会激增，因为此时它们可找到大量的食物，从而大量繁殖。更重要的是，通过对步甲科昆虫数量的统计，可在其他任何环境评价指标发生变化前，就给出环境恶化的结论。

## 危害与益处

下表列举了鞘翅目昆虫带来的危害与益处,并指出具体涉及哪些科别。

| | | |
|---|---|---|
| 鞘翅目昆虫带来的危害 |  | **森林**<br>侵蚀树干、树叶和嫩芽。<br>天牛科、金龟科、小蠹科。 |
| |  | **花卉**<br>损毁花朵。<br>花金龟科。 |
| |  | **食物**<br>破坏储备的面粉。<br>拟步甲科。 |
| |  | **农作物**<br>损毁农作物。<br>叶甲科、豆象科、象甲科。 |
| 鞘翅目昆虫带来的益处 |  | **生物防治**<br>捕食有害物种。<br>瓢虫科、步甲科。 |
| |  | **保持环境卫生**<br>回收粪便和正在腐烂的物质。<br>粪金龟科、金龟科、埋葬甲科、隐翅虫科。 |
| |  | **维持生态平衡与生物多样性**<br>步甲科。 |

## 瓢虫

瓢虫外表可爱,是最受人类欢迎的鞘翅目昆虫之一。它们的外表是如此优雅,难以与其凶残的捕食活动联系起来,尤喜蚜虫和胭脂虫。当瓢虫一起行动时,它们能够在短时间内"解放"被寄生虫占领的地方。但故事并没有就此结束,有些物种,如二十二星瓢虫,其幼虫和成虫均生活在蔷薇科植物上,以寄生真菌为食。瓢虫对农业和花卉种植业十分重要,常对其进行人工繁殖或引入特定的区域。在这些区域中,要么瓢虫的自然存在数量不能满足生物防治的要求,要么蚜虫和胭脂虫的数量巨大,对植物的侵袭严重。

## 危害最大的两个物种:象甲科、拟步甲科

鞘翅目害虫的幼虫和成虫均以植物为食,其中危害最大的是叶甲科昆虫,它们多色的外壳有着美丽的金属光泽,最有名的就是马铃薯甲虫,它是马铃薯的摧毁者;还有跳甲属昆虫,它们蚕食萝卜、甜菜、白菜及其他蔬菜。天牛科中危害最大的是栎黑天牛,成虫无害,幼虫会严重破坏树木,使其所在的树木免疫力下降;对树木同样有害的是小蠹科昆虫,它们在树干中挖掘复杂的隧道。象甲科昆虫的破坏力也很强,它们用锥状触角损害粮食颗粒;拟步甲科中的米粉虫会入侵仓库,损毁储备食品。外表可爱的鳃角金龟和美丽的金花金龟也是农民和花农的敌人。

一只塞舌尔岛特有的拟步甲科昆虫——弗雷格特拟步甲(Polposipus herculeanus)。

# 膜翅目

**蜜蜂、马蜂和蚂蚁：社会性昆虫**

膜翅目昆虫的社会结构紧密，合作分工明确。另外，它们为植物传粉，对植物的繁殖起到了重要作用。

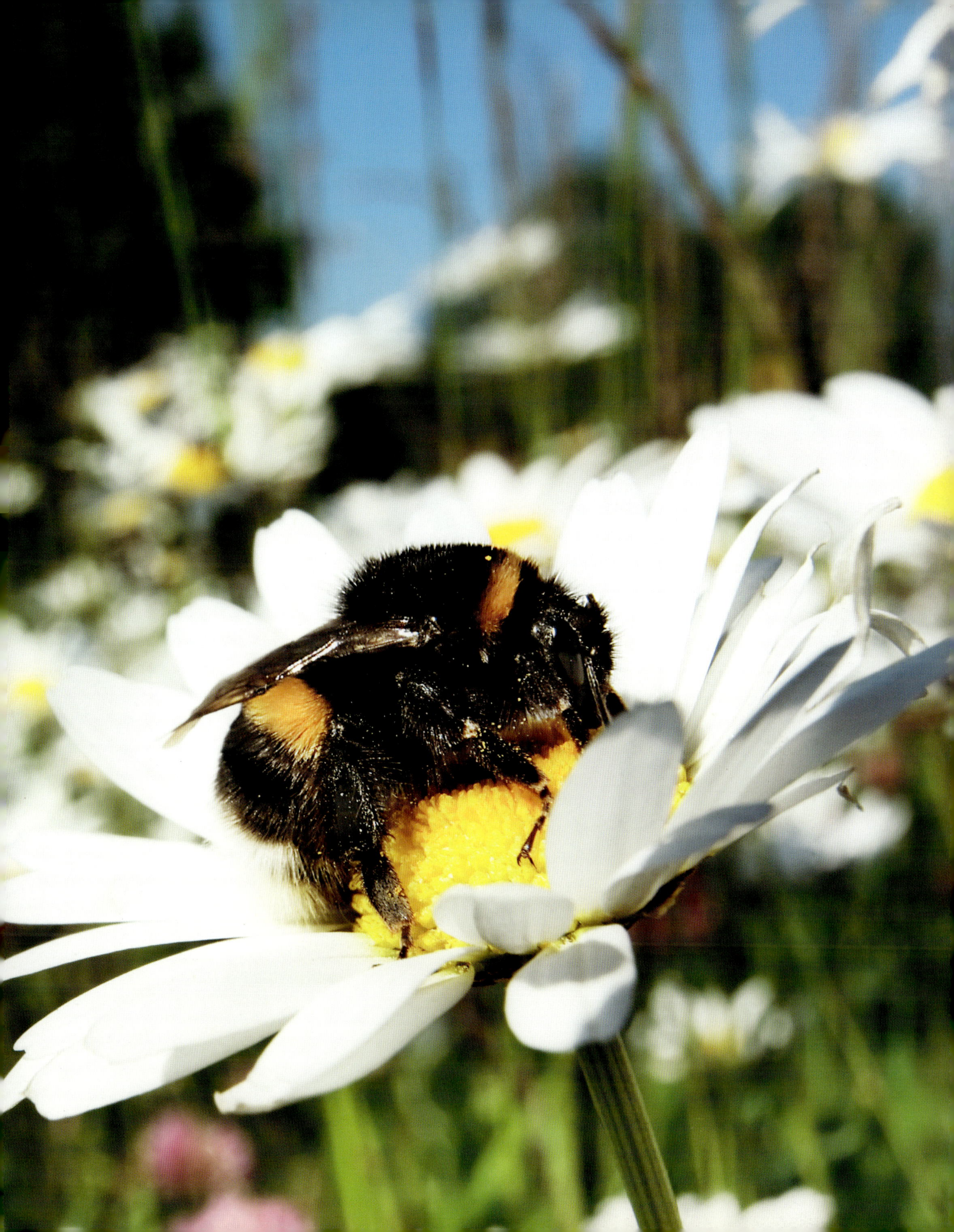

上页图片：丸花蜂；本页图片：切叶蚁

# 简介

　　膜翅目昆虫大多是为人熟知的昆虫，它们物种数量繁多（200000多种），社会性极强，种群成员有明显的等级，不同等级个体的习性和分工也不同；它们有独特的"语言"，用于接收和传递信息。膜翅目昆虫的特点是有两对透明的膜质翅（在某些发育阶段存在缺失），善于飞行；复眼发达，口器根据科类不同而不同，与食物来源相关；雌性具较长的产卵器，称为螯刺。膜翅目昆虫通常实行有性生殖，幼虫要经历一系列变态发育，最后变为成虫。

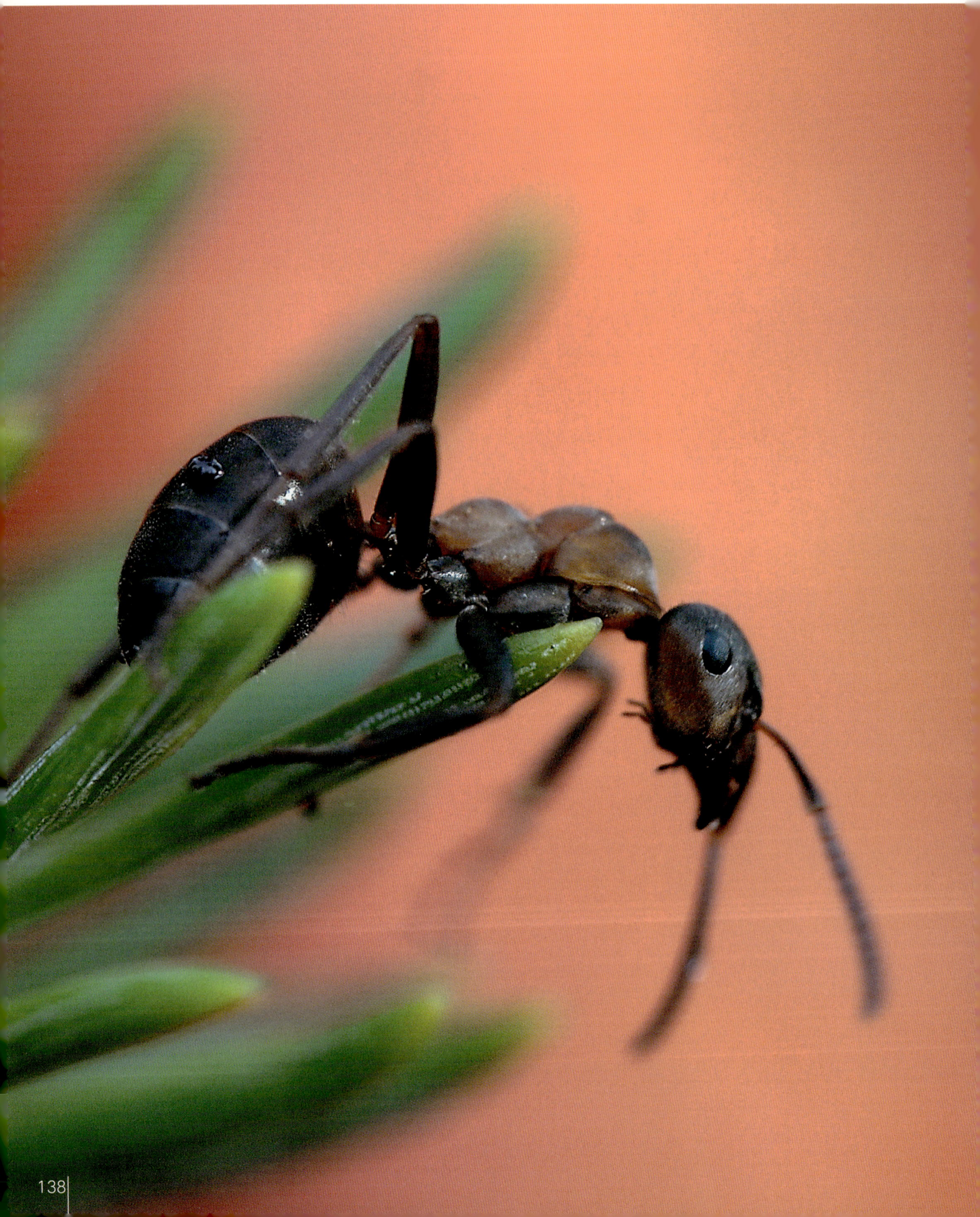

## 红褐林蚁
### Formica rufa

**目**：膜翅目
**科**：蚁科
**体长**：6~11毫米
**分布**：欧洲、高加索地区、西伯利亚、北美洲

红褐林蚁分布于欧洲、高加索地区、西伯利亚和北美洲。它的身体上半部呈红色，生活在灌木丛中，会修建大型蚁巢，并用针叶、短树枝或树叶覆盖在地下蚁巢中。蚁巢可高达1米，可容纳50万~100万只个体共同生活。红褐林蚁的下颚巨大，无蜇针，但其腹部可释放强劲的蚁酸，释放距离可达30厘米。这个"化学武器"既可用于驱逐敌人，也可用于防御，对人类可能产生刺激性效果。红褐林蚁的社会中分为3个等级：工蚁、雄蚁和繁殖雌蚁。前两个等级构成了蚁群的大部分，分工各不相同，从喂养蚁后到维护蚁巢，从寻找食物到照料蚁卵和幼虫，再到抵御外敌。一开始时，蚁后是有翅膀的，春季由雄蚁授精，落地后翅膀脱落，开始产卵。由这些卵孵化出工蚁，它们对于建造新蚁巢或在现有蚁巢中形成新的蚁群至关重要。雄蚁在交配后很快死亡。红褐林蚁的等级由产卵时的温度、喂养幼虫的方式、工蚁的数量和蚁后是否存在等多种因素共同决定。

## 阿根廷蚁
### Iridomyrmex humilis

**目**：膜翅目
**科**：蚁科
**体长**：2~3毫米
**分布**：全世界

阿根廷蚁现已遍布全世界。它的头部和腹部呈深黄色或褐色，步足很长。除十分活跃外，阿根廷蚁的攻击性很强，动作迅捷，能够在短时间内镇压其他各种蚂蚁，甚至是白蚁。其特点是能够通过腺体释放一种称为蚁素的物质，这种物质具有类似杀虫剂和抗生素的作用。

阿根廷蚁蚁巢中的个体数量庞大，有许多蚁后；不同的蚁群可一起攻击其他蚁巢。

### 受人类保护的益虫

红褐林蚁是受人类保护的物种，因为它们对森林经济有着重要的作用。实际上，红褐林蚁以大量害虫，比如成串爬行的毛虫的幼虫为食。从20世纪70年代起，人们将红褐林蚁引入松树和云杉的再造林工程，以保证树木的健康。事实证明，这种生物防治方法卓有成效。

## 贮蜜蚁
### Myrmecocystus melliger

**目**：膜翅目
**科**：蚁科
**体长**：3~3.5毫米
**分布**：墨西哥、美国南部

贮蜜蚁分布于墨西哥和美国南部。其觅食的方式很特别：工蚁收集栎树虫瘿中流出的蜜露，回到蚁巢后，将蜜露反刍给其他工蚁。后者的腹部极度膨胀，成为整个蚁群食物储备的"活皮囊"：它们悬在蚁巢的顶部，逐渐从腹部吐出蜜露，喂养蚁群的其他成员。

## 亮毛蚁
### Lasius fuliginosus

**目**：膜翅目
**科**：蚁科
**体长**：3~5毫米
**分布**：欧洲、印度、北美洲

亮毛蚁分布于欧洲、印度和北美洲，身体呈亮黑色。一般来说，亮毛蚁将蚁巢建在树洞中，蚁巢的结构很像海绵，里面有精心修建的交通壕。亮毛蚁所栖息的树木有桦树、椴树、杨树或栎树。另外，亮毛蚁有培育某些真菌的习性。

同属的物种有黑毛蚁（Lasius niger）；欧洲最常见的毛蚁，在花园中很常见，在石头下筑巢。

## 红牧蚁
*Polyergus rufescens*

| 目 | 膜翅目 |
|---|---|
| 科 | 蚁科 |
| 体长 | 6~10毫米 |
| 分布 | 欧洲中南部、斯堪的纳维亚半岛南部 |

红牧蚁分布于欧洲中南部和斯堪的纳维亚半岛南部。它喜欢干燥、有阳光的环境，通体呈淡红色。红牧蚁的社会由多产的蚁后、有翅膀的雄蚁和工蚁构成。工蚁有着类似武士的作用，因此下颚十分发达，于是无法胜任维护蚁巢的工作。它们便时常攻击其他蚁巢，抓获奴隶蚁来完成工蚁的任务。当红牧蚁想要新建一个群落时，刚受精的年轻蚁后侵入丝光褐林蚁的蚁巢，杀死它们的蚁后，占据蚁后的位置，丝光褐林蚁的工蚁屈服并服务于红牧蚁蚁后，照顾它所产下的蚁卵。

## 原生收获蚁
*Messor barbarus*

| 目 | 膜翅目 |
|---|---|
| 科 | 蚁科 |
| 体长 | 3.8~12毫米 |
| 分布 | 非洲北部、西班牙、意大利、法国南部 |

原生收获蚁分布于非洲北部、西班牙、意大利和法国南部，在意大利境内仅可见于利古里亚大区和托斯卡纳大区的田间。它的头部呈红色，大型蚁的体型如广布弓背蚁般巨大，而小型蚁的体型则相当娇小。

人们曾经认为原生收获蚁会种植蚁巢周围的农作物，后来发现，蚁巢周围的小型田地的形成其实是它们收集种子，而后将其带到蚁巢内作为食物储备的习性使然。原生收获蚁有时把多余的种子扔出蚁巢，于是这些种子就在蚁巢外面扎根发芽了。

## 西非驱逐蚁
*Anomma*

| 目 | 膜翅目 |
|---|---|
| 科 | 蚁科 |
| 体长 | 3~60毫米 |
| 分布 | 非洲 |

西非驱逐蚁分布于非洲，具有非定居性，蚁群在丛林中不停地移动，个体数量可超过200万只。工蚁和兵蚁有着切割式下颚，形似马刀，腹部末端有一根粗壮的刺。蚁后的体长可达6厘米，产卵数量相当多，约10万~20万颗。西非驱逐蚁仅在黄昏和夜间外出觅食，以其他昆虫及蝎子、蜘蛛、小型爬行动物为食，有时甚至吃小型鸟类和哺乳动物。

## 毁木弓背蚁
*Camponotus ligniperdus*

| 目 | 膜翅目 |
|---|---|
| 科 | 蚁科 |
| 体长 | 7~14毫米 |
| 分布 | 欧洲中北部 |

毁木弓背蚁分布于欧洲中北部，是所谓的"木匠蚁"，生活于老树桩、活的针叶树，特别是云杉上。它们在树干里面挖掘隧道和小室，形成与树同高的蚁巢。尽管它们生活在树干中，但几乎不会给人类造成巨大的损失。毁木弓背蚁以蚜虫的蜜露和其他昆虫为食。

相近的物种有广布弓背蚁（Camponotus herculeanus），其体长可达1.5厘米，是欧洲体型最大的蚂蚁。

## 游蚁属
*Eciton*

| 目 | 膜翅目 |
|---|---|
| 科 | 蚁科 |
| 体长 | 2~20毫米 |
| 分布 | 北美洲南部、哥伦比亚、巴西 |

游蚁属昆虫分布于北美洲南部、哥伦比亚和巴西，是非定居性蚁类，在丛林中移动，队伍壮大。游蚁属昆虫并不会建造真正的蚁巢，而是形成临时的"露营地"。蚁后位于"露营地"的中心，周围有大量工蚁保护，外围则是由几千只采集工蚁组成的蚁群队伍；由中心向外可达20米左右，队伍还分成更小的纵队，于是形成了广阔的扇形游猎阵线。最有名的游蚁属昆虫为钩齿游蚁（Eciton hamatum）。

140

## 大头美切叶蚁
### *Atta cephalotes*

| | |
|---|---|
| 目 | 膜翅目 |
| 科 | 蚁科 |
| 体长 | 2~10毫米 |
| 分布 | 北美洲和南美洲的热带地区 |

切叶蚁通常指大头美切叶蚁（Atta cephalotes）。它分布于北美洲和南美洲的热带地区，生活在植物（野生植物或种植作物）资源丰富的环境中。它的身体呈红褐色，腹部末端长有短螫刺。切叶蚁的工蚁分为4个等级：大型蚁，负责保护蚁巢；中型蚁，负责寻找食物；小型蚁和迷你蚁则负责"日常事务"，照料蚁后。切叶蚁的一个种群最多可容纳80万只成虫，只有1个蚁后；蚁巢的深度可达8米，最大的蚁巢最多可有2000多个小室，部分小室空间宽阔，蚁巢有近1000个入口。

切叶蚁也称"蘑菇蚁"，因为它们会用大量的叶片培育真菌。一个切叶蚁种群可在一天内收集与一头母牛一天的食用量相当的叶片。由此不难看出，切叶蚁可对农业产生危害。

## 小红蚁
### *Myrmica rubra*

| | |
|---|---|
| 目 | 膜翅目 |
| 科 | 切叶蚁亚科 |
| 体长 | 5~9毫米 |
| 分布 | 古北区 |

小红蚁分布在古北区的丘陵和山地环境中，在亚平宁山脉博洛尼亚段的山区中可见于土壤中或石头下。小红蚁的身体呈淡红色，在地下建筑巢穴。9月，数量庞大的有翅个体会聚集，种群数量很多，可容纳100只蚁后同时产卵。小红蚁饲养蚜虫，以其分泌的蜜露为食；攻击性强，被叮咬后痛感强烈。

热带地区的相似物种有伪切叶蚁（Pseudomyrma belti）、小伪切叶蚁（Pseudomyrma minuta）。

## 蘑菇蚁

切叶蚁种群中的大型蚁会用下颚切割几乎所有植物的叶片，并将叶片带回蚁巢中用于培育真菌的小室。在这里，它们咀嚼收集来的叶片，将其用于建造真正的"地下花园"。切叶蚁通过分泌排泄物辛勤地耕种，以培育的真菌的孢子为食，也用孢子喂养幼虫。如果长出了其他种类的真菌，切叶蚁会不顾一切地将其消灭。

## 聚焦

# 组织结构

## 蚁巢

蚂蚁的社会组织十分完善，在某些情况下，确实是一种奇迹，想象一下某些蚁群包括10万只蚂蚁，它们都很活跃，都有特定的工作，都能协同合作。蚂蚁为群居性昆虫，蚁巢的结构通常十分复杂，蚁群的所有成员均在其中居住。蚁巢的形状、规模、地点根据物种的不同而有所区别，于是便有了地下蚁巢、树洞蚁巢、树叶蚁巢等。还有一些蚁类自己并不建造巢穴，而是寄生在其他蚁类的蚁巢中。

### 暖气系统

生活在热带和亚热带地区的蚁类不需要考虑天气寒冷的问题，而那些分布在温带的蚁类则需要在冬季维持所处环境的温度。一个很好的解决办法是，将蚁巢的地上部分修建在阳光充足的地方，这样就可以通过积累的热量提高蚁巢地下部分的温度。另一个办法则是将蚁巢建在阳光暴晒的石头下面，随着石头温度的升高，地下蚁巢的温度也就升高了，一般来说，这里也是蚁后和蚁卵的所在地。

### 新蚁群的诞生

工蚁专心地照料蚁卵。

蚁群的大部分成员是工蚁，即无生育能力、翅膀萎缩的雌蚁，年纪较大的外出为蚁群觅食，年纪较小的则负责照料蚁卵和蚁后。破蛹后，有翅膀的年轻蚁后就和一只有翅膀的雄蚁交配，保留其精子，并在之后的繁殖过程中持续使用。婚飞后，雄蚁的社会功能已经完成，很快死去。已受精的蚁后在翅膀脱落后开始产卵，这些卵孵化出的都是工蚁，蚁后在它自己建造小蚁巢内抚育第一批工蚁，一个新的蚁群便开始形成。

## 真菌培育者

某些蚁类在特殊的小室内培育真菌的菌丝，搬运植物残渣和树叶作为培养基，并持续用唾液湿润。这些蚁类喜食菌丝，它们用细丝将菌丝连接，以避免菌丝产出果实体。有翅雌蚁在飞出蚁巢之前，会带走少量菌丝，准备在新蚁巢内重新开始培养真菌。

左图：蚁后在真菌"种植园"内。

## 树叶与土壤做成的建筑

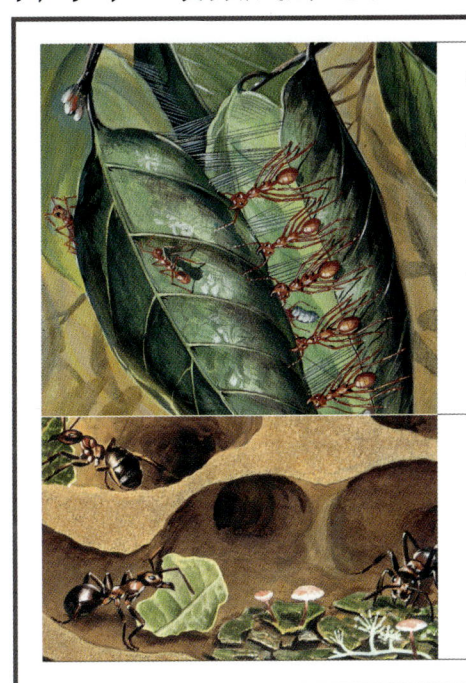

### 树叶蚁巢

生活在热带地区的织叶蚁通过编织大型树叶建造蚁巢。一些工蚁搬着两片树叶接近彼此，另一些工蚁则开始缝合树叶，这项工作同时还需要幼虫的帮忙，它们被叼在工蚁的下颚间，如同梭子一般，不断吐出坚韧的丝，工蚁利用这些丝将树叶连接在一起。

建成后的蚁巢看上去像是一大堆不规则的落叶。如果受到威胁，成百上千只织叶蚁便从蚁巢内部晃动树叶，发出雷鸣般的警告声。

### 土壤蚁巢

部分或完全处于地下的小室和隧道其实是用土壤建成的。工蚁用唾液浸润土壤并用力咀嚼，之后用这些材料建造光滑的"墙壁"和"天花板"，结构稳定，技巧高超。

## 不断扩张的蚁巢

随着蚁巢内成员数量的不断增加，工蚁开始开发新的区域，在相对较短的时间内，蚁巢内部就可以建成多个小室，分为多层，小室之间由隧道连接。有的小室专门用来储备食物，有的用来照料蚁卵，有的则用来照料幼虫或蛹，湿度和温度刚好符合相应的需求。蚁巢可以完全位于地下，仅通过一条隧道和一个入口与外界相连；或者地面部分有蚁丘，有多个入口，并有重兵把守，如果遇到恶劣天气，则用石子和植物碎片将入口封死。

## 蚁巢的其他"住客"

除"房主"外，蚁巢中还有许多其他的"住客"——其他蚁类、不同种类的昆虫和其他小型动物，它们与"房主"建立了多种共生关系。但并不是所有的"住客"都是对"房主"有利的。

**奴隶** 这些蚁类与建造蚁巢的蚁类不同，它们是从别的蚁巢中被"绑架"到"房主"蚁巢中的。

**寄生虫** 一般来说，寄生虫是进入蚁巢压榨"房主"的其他昆虫。某些昆虫的幼虫可以模仿蚁类幼虫，以此使工蚁喂养和保护自己。还有一种狡猾的鞘翅目昆虫，名为凹缘隐翅虫（隐翅虫科），会向蚁类提供一种甜味的物质，与工蚁建立依赖关系。工蚁被"迷晕"，不再照料幼虫，凹缘隐翅虫便将这些幼虫吞食。

**租客** 这里指的是寄居在蚁巢中的其他昆虫（鞘翅目、鳞翅目）或其他无脊椎动物（如蜘蛛、千足虫）。这些"租客"在蚁巢中汲取热量和庇护，以"房主"的废物为食，"房主"十分仁慈地容忍它们的存在。

**家畜** 某些蚁类在蚁巢的地下通道中饲养蚜虫，照顾它们，帮助它们更换栖息地点，甚至照料它们的后代，作为回报，"房主"可以吮吸蚜虫分泌的蜜露。

## 紫罗兰木蜂
*Xylocopa violacea*

| 目 | 膜翅目 |
|---|---|
| 科 | 蜜蜂科 |
| 体长 | 2.5~3厘米 |
| 分布 | 欧洲中南部 |

紫罗兰木蜂分布于欧洲中南部，是欧洲体型最大的蜜蜂之一，喜独居。冬眠结束后，受精的雌蜂在春天于树干或腐木中筑巢，挖掘一条长约30厘米的竖直隧道，里面分为15个巢房，每个巢房里都填满了花粉和花蜜。最后，雌蜂在每间巢房里都产1颗卵。幼虫只有在发育到成虫时才会飞到蜂巢外。

夏季，年轻的紫罗兰木蜂在花丛中飞来飞去，以花粉和花蜜为食；秋季，雌雄蜂开始交配，交配后雄蜂死去，受精的雌蜂开始寻找冬眠的庇护所。

## 西方蜜蜂
*Apis mellifera*

| 目 | 膜翅目 |
|---|---|
| 科 | 蜜蜂科 |
| 体长 | 1.2~2厘米 |
| 分布 | 全世界 |

西方蜜蜂也称家蜂，遍布全世界。西方蜜蜂生活在组织严密的社会中，由3种个体组成2个等级：繁殖蜂，包括蜂后和雄蜂；工蜂，无繁殖能力。西方蜜蜂生活在蜂巢中，蜂巢由大量六边形蜂蜡巢房构成，里面储存着食物（蜂蜜和花粉），并用于喂养幼虫。

每个蜂巢中都生活着1只蜂后、十几万只工蜂和几百只雄蜂。雄蜂在5~8月从未受精的卵中孵出。蜂后一般可以存活3~4年，约3~4周大时在婚飞中交配，2周后开始产卵，蜂群开始形成；夏季每天最多可产2000颗卵。幼虫一般是工蜂，如果用蜂王浆（由喂养它的工蜂的特定腺体分泌）喂养，则其中的1只可以发育成新的蜂后。

## 东方蜜蜂
*Apis cerana*

| 目 | 膜翅目 |
|---|---|
| 科 | 蜜蜂科 |
| 体长 | 1~1.6厘米 |
| 分布 | 东南亚 |

东方蜜蜂分布于东南亚，一般筑巢于树枝的洞中。和西方蜜蜂一样，东方蜜蜂也被人类广泛饲养，但由于蜂群较小，所产的蜂蜜也较少。东方蜜蜂是狄斯瓦螨（Varroa destructor）的天然宿主，这种寄生虫是西方蜜蜂的灾难，因为西方蜜蜂不懂如何防御狄斯瓦螨，蜂农需要对此进行特殊的处理。而东方蜜蜂与螨虫一起演化，与螨虫建立了天然的平衡关系，它们能够自主清理自己身上的狄斯瓦螨。

### 勤劳的工蜂

蜂后只负责保证蜂群的延续，而工蜂则需要做大量的工作，包括清理巢房、喂养幼虫并保持它们的温度、喂养蜂后和雄蜂、建造和守卫巢、收集花蜜和花粉、储存蜂蜜、为蜂巢通风等。

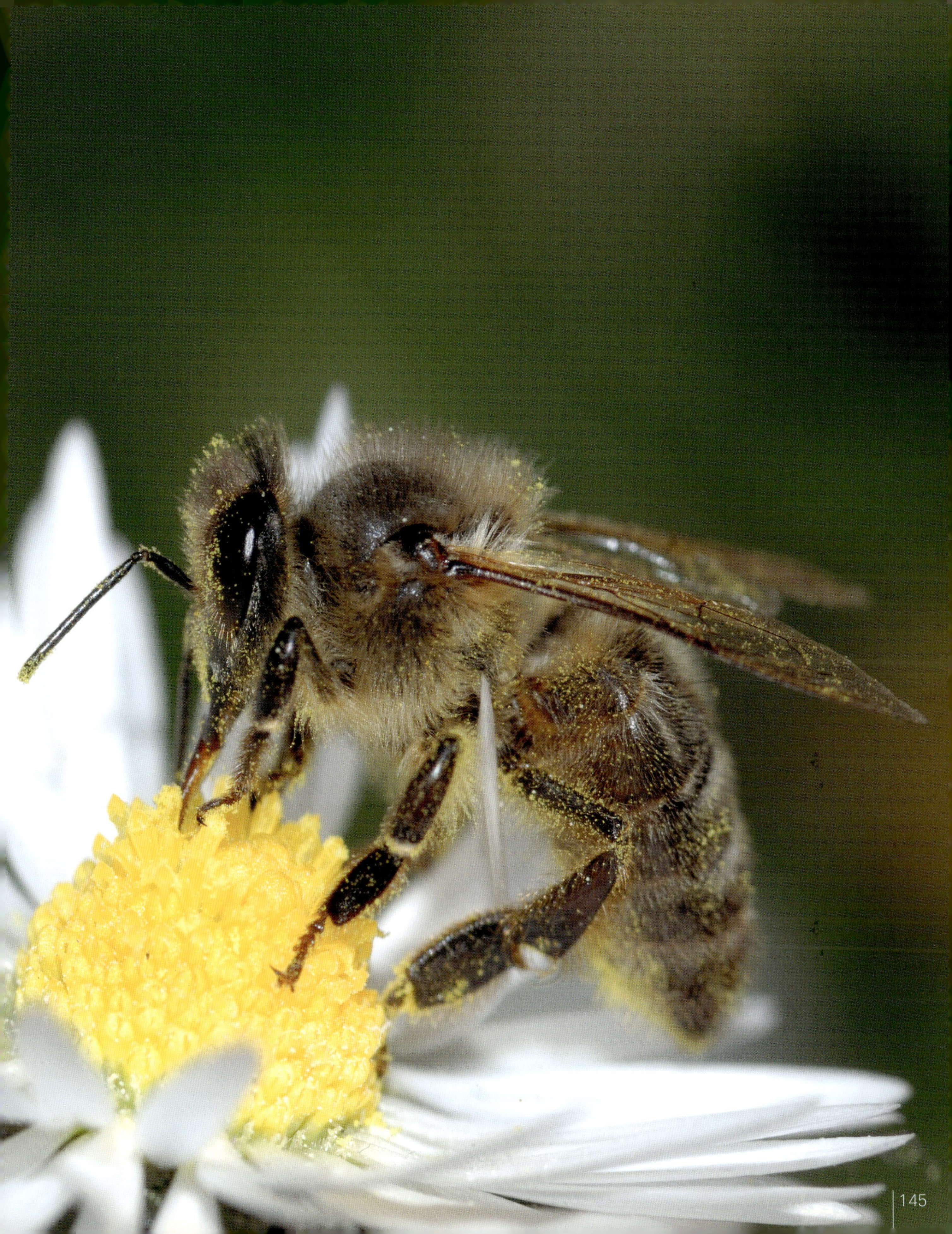

# 聚焦

## 集体生活

蜂巢

蜜蜂是社会性很强的昆虫，在某种意义上，蜂群可无限期地存在。一个西方蜜蜂的种群发展到最大规模时，可超过10万只，工蜂、蜂后和雄蜂在社会组织中都有自己明确的分工，这毫无疑问是昆虫中演化最完全的组织。

### 蜂巢中的蜂后

蜂后的角色实际上就是"制造"更多的蜜蜂：仅一次交配，在其5年的生命中，就可每天产约3000颗卵。一切开始于蜂后还小的时候，当它离开出生的蜂巢时，一开始绕蜂巢飞行，以便返回时能够识别蜂巢，之后便向高处飞行，许多雄蜂被蜂后的荷尔蒙吸引。在飞行中，交配也随之完成，但对于雄蜂来说，这相当于死刑，因为雄蜂的生殖器官会在蜂后体内折断。多只雄蜂不断与蜂后交配并受精。雄蜂每次交配时都会清除前任留在蜂后体内的生殖器；婚飞结束后，工蜂协助蜂后取出最后一只雄蜂的生殖器；之后蜂后回到蜂巢内，几天后便开始产卵。如果蜂后不再分泌荷尔蒙或不再产卵，工蜂就将它最后所产的一些卵移动到"王室"中，开始用蜂王浆喂养，迎接新蜂后的诞生。

### 蜂巢一瞥

图中展示的是蜂巢的横截面。在最底下的巢房中可见蜂卵，往上可见幼虫，再往上幼虫越来越大，最顶部是蜂蛹。

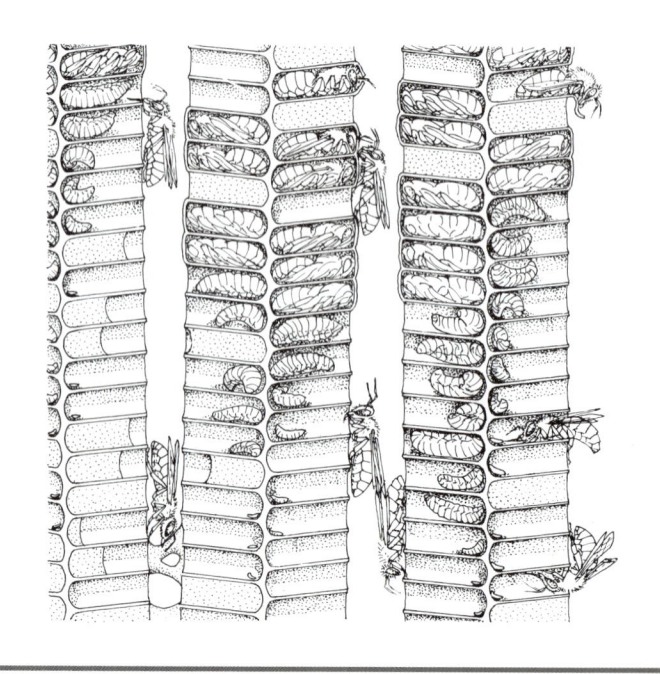

## 紧张的工作

工蜂一般可存活40天，在短暂的生命中，它们需要连续做不同的工作。

**第一天至第三天**

工蜂羽化后，清理自己所在的巢房，直到蜂后可以在这里再次产卵。工蜂将参与幼虫的保温工作，使环境温度不低于28摄氏度。这项任务需要年轻的工蜂紧密地聚集在蜂巢上方来完成。

**第三天至第五天**

工蜂取出巢房中的储备食物，用蜂蜜和花粉喂养幼虫。

**第六天至第十天**

工蜂消耗大量花粉，用于产出蜂王浆，喂养年轻的幼虫，培育新的蜂后，蜂王浆同时也给蜂后食用。

**第十一天至第十六天**

工蜂分泌蜂王浆的腺体退化，蜡腺开始生产蜂蜡，成为筑巢蜂。此时工蜂将负责建造和修理蜂巢；储存花粉；清洁蜂巢；在蜂巢入口快速振翅，为蜂巢通风；进行蜂巢外的飞行引导。

**第十七天至第二十天**

工蜂的毒腺开始工作，此时也可承担保卫蜂巢的任务。

**第二十一天后**

此时工蜂成为采蜜蜂，专职采集花粉和花蜜。

## 蜂巢中的产物

蜂巢中的工蜂负责准备供蜂群生活的各类产品，人类则广泛利用这些产品。

**蜂蜡**

蜂蜡是建造蜂巢的原材料，通过工蜂的腹部腺体（蜡腺）直接分泌。

**蜂蜜**

蜂蜜是蜜蜂的基本食物，产自储存在蜜蜂第二个胃中的花蜜。蜜蜂在花蜜中添加酶，并将其反刍至巢房中，而后经历一系列酿造过程，将花蜜转化成蜂蜜。

**蜂胶**

蜂胶是蜜蜂从植物上采集并用特殊的酶加工后的产物。蜂胶有抗生素和抗真菌的作用，蜜蜂可用蜂胶修补蜂巢的破损处，也可用于将寄生真菌（霉菌）制成"木乃伊"。

**蜂王浆**

蜂王浆是一种蛋白质含量极高的物质，由保育蜂的特殊腺体分泌。为生产蜂王浆，需要用大量的花粉喂养保育蜂。使用蜂王浆喂养的幼虫将发育为多产的雌蜂，最终成为蜂后，之后保育蜂会继续用蜂王浆喂养蜂后。

**花粉**

花粉是开花植物的繁殖要素，蜜蜂收集花粉并将其储藏在蜂巢中。

## 分蜂

蜂后不断产卵的繁殖活动使得蜂巢无法容纳所有的成员。当巢房中出现新的蜂后幼虫时，老蜂后就携带大量工蜂和少量雄蜂离开蜂巢，完成所谓的初步分蜂。分蜂后的蜂群在蜂巢附近的土壤、树枝或篱笆上聚集，短暂停留后便可抵达目的地形成新的种群。而在旧蜂巢中，年轻的蜂后羽化，杀死所有未孵化的蜂后，但这种屠杀行为在分蜂之前是不会发生的。刚羽化的蜂后也会离开蜂巢，剩下的工蜂和大量雄蜂受到蜂后的吸引，随蜂后一同离开，这就是二次分蜂。

# 红尾蜂
*Bombus lapidarius*

| 目 | 膜翅目 |
|---|---|
| 科 | 蜜蜂科 |
| 体长 | 2~2.5厘米 |
| 分布 | 亚欧大陆 |

红尾蜂分布于整个亚欧大陆，常见于春季的花朵上，对植物授粉有着重要的作用。它身体粗壮，多毛，呈黑色和黄色，翅膀透明；生活于小型社会群落中，生命可持续1年。初春时节，在前一年受精的雌蜂开始寻找合适的筑巢地点，可以是地下、石间或墙壁缝隙中，在蜂巢里修建巢房用于存放花粉和花蜜，在每个巢房中都产下1颗卵。幼虫破壳后，蜂后开始喂养幼虫，直至其发育为成虫，这些幼虫是第一代无生殖能力的雌蜂，做着工蜂的工作，之后几代也是如此。随着秋天的到来，一些有生殖能力的雌蜂和其他特殊的雌蜂（无须受精就能产卵）开始产卵，这些卵中可诞生雄蜂。秋末，有生殖能力的雌蜂与雄蜂交配，之后老蜂后、工蜂和雄蜂死去，只剩下受精的雌蜂独自越冬。

相近的物种还有树熊蜂（Bombus sylvarum）、明亮熊蜂（Bombus lucorum）、欧洲熊蜂（Bombus terrestris）和罗蒙熊蜂（Bombus pomorum）。

## 无刺蜂属
### *Trigona*

| 目 | 膜翅目 |
|---|---|
| 科 | 蜜蜂科 |
| 体长 | 1.2~2厘米 |
| 分布 | 南美洲 |

无刺蜂分布于南美洲，其社会组织由蜂后、大量无生殖能力的工蜂和少量雄蜂构成，雄蜂在蜂后受精后就被赶出蜂巢。无刺蜂的身体后端无蜇刺。个体之间有特别的通信方式。外出的工蜂能够通过发出"嗡嗡"声为其他工蜂提供食物来源的信息，若食物距离较近则声音的持续时间较短，若距离较远则声音的持续时间较长。另外，无刺蜂能够指示外出采蜜的大致方向。

## 高墙石蜂
### *Chalicodoma muraria*

| 目 | 膜翅目 |
|---|---|
| 科 | 蜜蜂科 |
| 体长 | 2~2.5厘米 |
| 分布 | 欧洲中南部 |

高墙石蜂分布于欧洲中南部，是非群居性昆虫，能利用沙粒、土壤混合唾液建造小型顶针状蜂巢。蜂巢内分布着大量狭长的小巢房，里面是高墙石蜂储存的蜂蜜和花粉。当巢房填满后，雌蜂就在每个巢房里都产1颗卵，之后谨慎地封死蜂巢的入口，幼虫在蜂巢内越冬，春季完成变态发育后便能出巢。

## 石拟熊蜂
### *Psithyrus rupestris*

| 目 | 膜翅目 |
|---|---|
| 科 | 蜜蜂科 |
| 体长 | 2~2.5厘米 |
| 分布 | 欧洲、亚洲中北部 |

石拟熊蜂分布于欧洲和亚洲中北部，与同属的田野拟熊蜂（Psithyrus campestris）和寓林拟熊蜂（Silvestris）一样，为寄生性蜜蜂，雌蜂将卵产在熊蜂和红尾蜂的蜂巢中。石拟熊蜂形似体型巨大的红尾蜂，但翅膀的颜色更深，雌蜂不需要照顾后代，因此第三对步足上没有收集花粉的筐状结构。另外，石拟熊蜂的社会组织中无工蜂。成虫出现在夏末，交配后雄蜂死去，雌蜂寻找冬眠的场所，待到第二年春天，将卵产到红尾蜂的蜂巢中。

## 罂粟壁蜂
### *Osmia papaveris*

| 目 | 膜翅目 |
|---|---|
| 科 | 切叶蜂科 |
| 体长 | 8~12毫米 |
| 分布 | 欧洲 |

罂粟壁蜂分布于欧洲，其筑造蜂巢的技术相当特别。首先，罂粟壁蜂会在沙土中建造大量长颈大肚的酒瓶状巢房，并用罂粟花瓣铺满巢壁；之后将巢房填满花粉和花蜜，在其中产卵，再用罂粟花瓣盖住所有地方；最后，用沙土覆盖所有的东西，离开蜂巢。

有相似行为的物种还有红毛壁蜂（Osmia rufohirta），它将卵产在空的蜗牛壳中，并用土壤和处理过的花瓣封死洞口；蓝壁蜂（Osmia caerulescens）的习性与此类似。

同属切叶蜂科的物种还有圆切叶蜂（Megachile centuncularis）。

## 柞蚕马蜂
*Polistes gallicus*

| 目 | 膜翅目 |
|---|---|
| 科 | 胡蜂科 |
| 体长 | 1~1.3厘米 |
| 分布 | 亚洲中北部、欧洲、非洲北部 |

柞蚕马蜂十分常见于亚洲中北部、欧洲和非洲北部，对人类无害，身体狭长，外表呈黑色，腹部有横向的黄色条纹。越冬后，受精的雌蜂开始用唾液糅合木质纤维，形成类似纸质的材料，用来筑造六边形的巢房，并将蜂巢悬挂在突出的岩石、棚子或树枝上，然后在每个巢房中均产1颗卵，喂养幼虫直到其发育成熟。第一代的幼虫均为工蜂，保护蜂后和接下来几代的幼虫。秋季气温下降，蜂后产下的卵中开始出现雄蜂和有生殖能力的雌蜂，它们发育成熟后就可以进行繁殖。交配后，雄蜂死亡，受精的雌蜂开始寻找过冬的地方，以便第二年春天能够重新开始新的繁殖周期。

同属的物种还有长足胡蜂（Polistes nympha）和黄三角胡峰（Polistes associus）。

## 常见黄胡蜂
*Vespula vulgaris*

| 目 | 膜翅目 |
|---|---|
| 科 | 胡蜂科 |
| 体长 | 1~2厘米 |
| 分布 | 北美洲、亚欧大陆中北部 |

常见黄胡蜂分布于北美洲和亚欧大陆中北部，与马蜂相比，其体型更小，但蜂巢结构和社会结构十分相似，都由蜂后、工蜂（无生殖能力的雌蜂）及夏季的某个时间段出现的有繁殖能力的雄蜂组成。蜂巢位于地下，比德国黄胡蜂的蜂巢规模要小，但有时也可悬挂在树枝上、信箱内、脸盆或倒置的器皿下。

被常见黄胡蜂蜇咬会十分疼痛，不过一般没有生命危险，但过敏症患者可能会产生严重的过敏反应。

## 德国黄胡蜂
*Vespula germanica*

| 目 | 膜翅目 |
|---|---|
| 科 | 胡蜂科 |
| 体长 | 1~1.9厘米 |
| 分布 | 古北区、新北区 |

德国黄胡蜂分布于古北区和新北区。它的身体呈黑色和黄色，同其他胡蜂一样，也是捕食者，喜食苍蝇和鳞翅目毛虫，也用这些作为食物喂养幼虫。德国黄胡蜂在地下筑造蜂巢，巢的直径可达30厘米，秋季最多可容纳3000只个体；有时也会利用鼹鼠和家鼠废弃的巢穴。蜂后筑造第一批巢房，养育第一批工蜂，之后则由工蜂照顾幼虫和蜂后。

## 树蜾蠃
*Eumenes arbustorum*

| 目 | 膜翅目 |
|---|---|
| 科 | 胡蜂科 |
| 体长 | 1~1.9厘米 |
| 分布 | 古北区、新北区 |

树蜾蠃具有胡蜂典型的黑黄相间的条纹，主要分布于古北区和新北区。树蜾蠃可见于春季的花朵上，寻找糖类作为食物。雌蜂用唾液将尘土和小石子粘合起来筑造蜂巢，之后在树上再修建紧密相连的巢房，每个巢房中都有1只被毒液麻痹的蝴蝶幼虫和1颗蜂卵。

同属的物种还有刺齿蜾蠃（Eumenes unguiculus）和点蜾蠃（Eumenes pomiformis）。

## 东方胡蜂
*Vespa orientalis*

| 目 | 膜翅目 |
|---|---|
| 科 | 胡蜂科 |
| 体长 | 3~3.5厘米 |
| 分布 | 地中海气候炎热地区、阿拉伯半岛 |

东方胡蜂分布于地中海气候炎热地区（在意大利境内仅南方地区）和阿拉伯半岛。东方胡蜂与其他的胡蜂很容易区别，因为它的身体呈淡红色，腹部有两条明显的黄色条纹，翅膀有紫色反光。东方胡蜂在小土洞、墙壁缝隙或树洞中筑巢，它是捕食者，但也会在动物的食物残渣中觅食。它的攻击性较强，甚至与同类互相残杀，如果受人打扰，很容易蜇咬人类。

# 黄边胡蜂
*Vespa crabro*

**目**：膜翅目
**科**：胡蜂科
**体长**：1.9~3.5厘米
**分布**：古北区、北美洲

黄边胡蜂分布于古北区和北美洲，体型粗壮，外表显眼，头部和腹部局部呈红色，胸部呈黑色，腹部其余部分呈黄色，伴有淡红色斑点。它的蜂巢结构相当特殊，一般在类似纸质材料的孔洞中筑巢；六边形巢房分层分布，向低处开口。除了第一层巢房是直接与巢壁相连的，其余各层都悬挂在上面的一层上。年轻的受精雌蜂完成筑巢，在度过安静的冬天后，开始修建第一批巢房并在其中产卵；在幼虫破壳后，用自己捕捉来的猎物喂养幼虫。幼虫羽化后发育为成虫，这就是第一批雌性工蜂。此后，受精雌蜂便成为蜂后，专职产卵，秋季产下雄蜂和有生殖能力的雌蜂，这些后代交配后，雄蜂、蜂后和工蜂死亡，而新的受精雌蜂需要度过冬天，在第二年春天组建新的蜂群。

## 小心蜇人！

胡蜂和大部分马蜂一样，脾气暴躁，如果受人打扰，就会反击蜇人，使人疼痛难忍，蜇咬的同时会向皮肤内注射一定量（比马蜂的毒液量还多）的毒液。因此，胡蜂的蜇咬可对人类的生命产生威胁，特别是在蜇咬婴幼儿或成人被多次蜇咬的情况下。

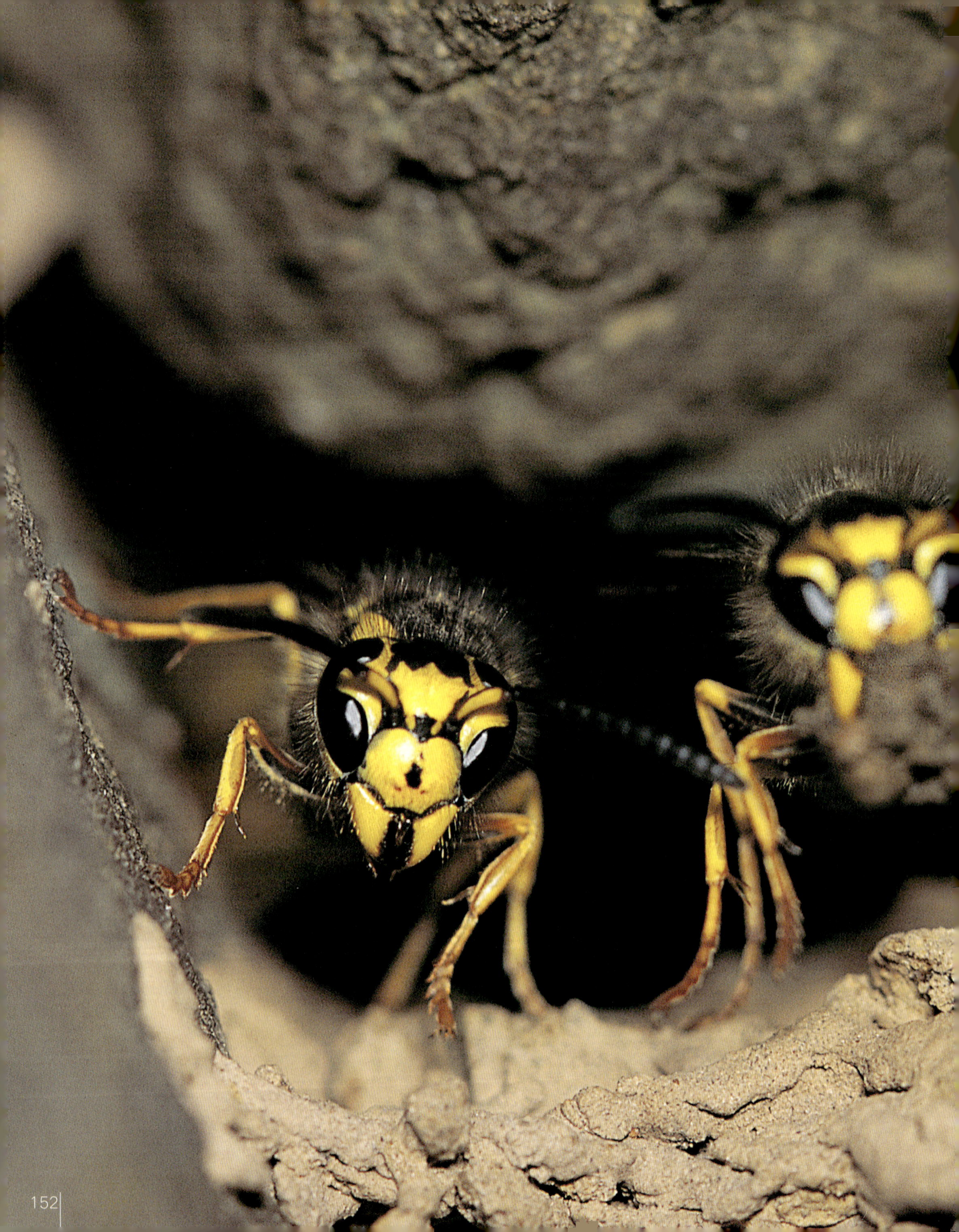

一些小胡蜂（Vespula）正在挖掘地下蜂巢。小胡蜂善于筑造地下巢穴，有些巢穴甚至可以达到相当大的规模。

聚焦

# 舞蹈、声音、气味

### 昆虫间的沟通方式

昆虫使用多种方式进行沟通，其中有些十分简单，有些则非常复杂。非社会性昆虫之间的交流有两个重要的作用，一是通知异性个体自己做好了交配的准备，二是让其他种类的动物知道自己有毒或味道不佳。社会性昆虫的沟通方式则相当复杂，因为社会成员之间需要交换大量信息，以保证整个种群的正确发展和良好运转。

## 多种多样的沟通方式

| | | | |
|---|---|---|---|
| | **声音信号**<br>蟋蟀、蝗虫、蝉 | | **色彩信号**<br>蝴蝶，鞘翅目、半翅目昆虫 |
| | **光信号**<br>萤火虫 | | **触觉信号**<br>蚂蚁 |
| | **嗅觉信号**<br>蝴蝶、蚂蚁、蜜蜂 | | **舞蹈**<br>蜜蜂 |

## 不寻常的"警告"

最新的试验结果表明，部分昆虫使用植物作为它们的沟通工具。生活在地下的昆虫需要告知其他生活在树上的昆虫：这棵树已经被我占领了。举个例子，一只鳞翅目雌虫想要在灌木上产卵，它会希望这棵灌木有着茂密的树叶以供后代食用，而不会因被其他昆虫幼虫吞食根部而造成树叶稀疏。因此，地下昆虫会释放用于警告的化学物质，这种物质从灌木根部一直延伸到树叶，于是这只鳞翅目雌虫接收到"警告"信号，就会得知这棵灌木的根部已经被其他昆虫占据了。

## 蜜蜂之舞

当工蜂正在领地内探路时，如果发现一片花朵盛开的区域，在很短的时间内就会聚集来许多来自同一蜂巢的其他蜜蜂。"探路蜂"并非总是陪伴其他蜜蜂到采集地点，因此它必须能够准确地传达和指示花朵所在地。这些信息是在蜂巢内昏暗的环境中通过精确的舞蹈传达到位的。位置信息的三个主要参考点是蜂巢、食物来源和太阳。舞蹈是由工蜂的飞行动作和其腹部的摆动构成的。工蜂舞动的狂热程度代表了食物的丰富程度，而距离则是由某段时间内工蜂转圈的次数表达的。花朵所在地的方向则通过特殊机制标识：工蜂舞蹈时按8字形盘旋，8字的中线与蜂巢的重力方向形成一个夹角，这就是从蜂巢分别转向太阳和食物方向所成的角度。在舞蹈的过程中，要出巢找路的工蜂伸展触角并触碰同伴，按照所指示的方向前进。

下图中是两种不同形式的蜜蜂舞蹈。左图为圆舞，表示食物所在地距蜂巢少于80米；右图是摆尾舞，表示食物所在地距蜂巢超过80米。

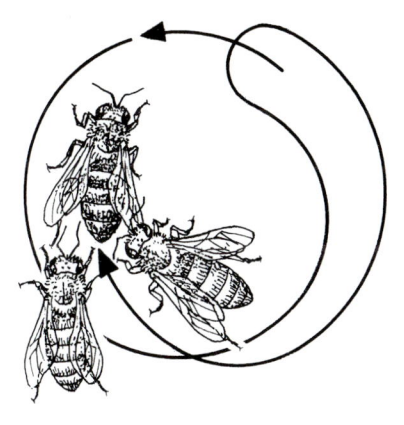

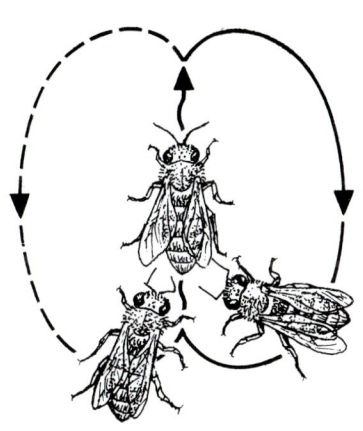

## 蚂蚁的交流沟通

工蚁之间是通过释放信息素来沟通危险信号或食物信息的。在探路的过程中，工蚁会在土壤上留下信息素。一旦找到鲜美的食物，工蚁就返回蚁巢，重新释放信息素，告知收集蚁食物的具体方位，收集蚁就沿着工蚁留下的信息素找到食物并将食物带回蚁巢。

土壤上残留的信息素只能保留很短的时间，但很多工蚁不停地走过，强化了信息素的信号。

最新的试验结果显示，蚂蚁还可通过互相触碰触角完成沟通。在试验过程中，试验人员将梳子悬挂在距蚁巢较远的位置，仅在一根梳齿上放有食物。第一个发现食物的蚂蚁不仅能够告诉伙伴食物的存在，还能指出食物具体位于哪根梳齿上。如果将梳子换成另一把没有放食物的梳子，第二只蚂蚁还是能够准确找到原先放有食物的那根梳齿。因此，蚂蚁间的沟通可以不通过化学物质，也许是通过触角的拍打，并以某种方式解读信号的。

## 信息素

大部分昆虫通过化学信号进行沟通，这种化学信号称为信息素，有时可以传播到很远的地方。信息素是一种挥发性化合物，昆虫可利用嗅觉器官捕获其中的信息，这是信息传递的基本途径。比如，雌蝶释放信息素告知附近的雄蝶自己可以进行交配，因此许多种类的雄蝶都有双梳状触角，能够在1千米以上的距离外捕捉到这些信号。同样的情况还发生在蜜蜂蜇人的时候，蜇刺会释放强烈的信息素，告知其他蜜蜂并让它们能够准确定位攻击目标。因此，如果蜂巢附近的人被一只蜜蜂蜇咬，其他蜜蜂很有可能也会立即攻击他。

155

# 蛛蜂科
*Pompilidae*

| | |
|---|---|
| 目： | 膜翅目 |
| 科： | 蛛蜂科 |
| 体长： | 7~20毫米 |
| 分布： | 全世界 |

蛛蜂科昆虫遍布全世界。蛛蜂的步足长，体表呈深色或黑色，是非群居性昆虫，仅捕食蜘蛛。3月便可在草地中观察到蛛蜂寻找猎物，并与猎物展开残忍搏斗的场景。蛛蜂总会获胜，它用自己的毒液麻痹蜘蛛，之后将猎物移动到土洞中，并在其身体上产卵，然后离开，任其后代和食物储备自生自灭。

同科的物种还有蛛蜂属（Pompilus）和黑蛛蜂属（Anoplius）昆虫。

## 欧洲狼蜂
*Philanthus triangulum*

| 目 | 膜翅目 |
|---|---|
| 科 | 泥蜂科 |
| 体长 | 1.2~1.8厘米 |
| 分布 | 古北区（除最北端外）|

欧洲狼蜂分布于古北区的大部分地区（除最北端外），外表呈黄色和黑色，腹部呈心形。欧洲狼蜂夏季活跃，总能在蜂巢附近观察到它们。欧洲狼蜂是蜂农的大敌，因为当它们饥肠辘辘时，会在空中拦截采蜜蜂，强迫它们交出采集的花蜜。有生殖能力的雌蜂还会用毒液麻痹蜜蜂，并将其拖进自己的地下蜂巢内。幼虫性别不同，喂养的方式也不一样：在雄蜂的巢房中，每次只放3只幼虫；而在雌蜂的巢房中，每次则放5只。

幼虫发育完成后，将自己封闭在丝茧中，需要等待约10个月才能羽化出巢。

## 沙蜂
*Ammophila sabulosa*

| 目 | 膜翅目 |
|---|---|
| 科 | 泥蜂科 |
| 体长 | 1.6~2.8厘米 |
| 分布 | 欧洲 |

沙蜂分布于欧洲，在意大利境内较常见，特征是体表呈黑色，腹部有蓝色和红色的图案，腹部和胸部的相接处呈细柄状，称为"蜂腰"。

沙蜂的主要活跃期为6~9月，这也是它的繁殖期。交配后，雄蜂死去，受精的雌蜂在沙土中筑巢（它也由此得名）。之后，雌蜂外出觅食，主要吃直翅目昆虫和鳞翅目昆虫的幼虫，用毒液麻痹这些幼虫并将其运回蜂巢。最后，雌蜂在麻痹不动的幼虫身上产1颗卵，并离开蜂巢。沙峰的幼虫出生后，以这些受害的幼虫为食，直到发育至成虫才会离开蜂巢。

## 肿腿蜂科
*Bethylidae*

| 目 | 膜翅目 |
|---|---|
| 科 | 肿腿蜂科 |
| 体长 | 1~1.3厘米 |
| 分布 | 全世界 |

肿腿蜂科的成员身体呈深色，步足呈淡红色；有的无翅膀，也有的有翅膀；易与蚂蚁混淆；幼虫的宿主为鞘翅目和鳞翅目昆虫的幼虫，在其体内完成发育。

家硬皮肿腿蜂（Scleroderma domesticus）幼虫寄生在蛀虫身上，成虫有时会攻击人类，人被叮咬后疼痛感强烈，需要就医治疗，否则极易引发感染。

## 橙头土蜂
*Scolia flavifrons*

| 目 | 膜翅目 |
|---|---|
| 科 | 土蜂科 |
| 体长 | 2~4厘米 |
| 分布 | 欧洲、中东地区、非洲北部 |

橙头土蜂分布于欧洲、中东地区和非洲北部，身体呈黑色，胸腹部有黄色斑点，翅膀呈紫色；独居，捕食鞘翅目昆虫的幼虫。6~7月是橙头土蜂的交配期。受精的雌蜂寻找在地下生活的犀金龟幼虫。它挖开一条隧道直通犀金龟幼虫所在地，向其注射麻痹毒液，然后在它的身体上产下1颗蜂卵。

## 异颚泥蜂
*Sphex maxillosus*

| 目 | 膜翅目 |
|---|---|
| 科 | 泥蜂科 |
| 体长 | 1.6~2厘米 |
| 分布 | 欧洲中南部、小亚细亚半岛、非洲北部 |

异颚泥蜂分布于欧洲中南部、小亚细亚半岛和非洲北部，喜欢树林边缘的沙土环境和百里香的花蜜，为直翅目昆虫幼虫的寄生虫。受精的雌性用毒液麻痹受害者，并将其拖至合适的地点，并在那里开掘一个宽敞的孵化室，与外界以一条隧道相连；孵化室中放有一定数量的麻痹幼虫，每只幼虫上都有1颗蜂卵。之后，雌蜂仔细地将隧道口封死，然后离开。

## 无花果小蜂
### *Blastophaga psenes*

| | |
|---|---|
| 目 | 膜翅目 |
| 科 | 榕小蜂科 |
| 体长 | 4~6毫米 |
| 分布 | 北半球（温带和热带地区） |

无花果小蜂分布于北半球的温带和热带地区，对于植物，尤其是野生无花果的授粉有显著作用。实际上，雌蜂从底部的小孔侵入无花果的花序并在此处产卵。在产卵的过程中，雌蜂不断在花序内移动，身上就沾满了花粉，之后它去另一株花序上产卵时，便将花粉传授给了另一株无花果。

膜翅目中还有大树蜂（Urocerus gigas）、普通松叶蜂（Diprion pini）、蛞蝓叶蜂（Caliroa limacina）和李实叶蜂（Hoplocampa minuta），最后两个物种属于叶蜂科。

## 菜粉蝶绒茧蜂
### *Apanteles glomeratus*

| | |
|---|---|
| 目 | 膜翅目 |
| 科 | 茧蜂科 |
| 体长 | 4~5毫米 |
| 分布 | 欧洲、北美洲 |

菜粉蝶绒茧蜂分布于欧洲，后被引入北美洲，是蝶类的死敌。这种蜂被农民大力推崇，因为它喜食菜粉蝶的幼虫，并在其体内产卵。幼虫出生后就以菜粉蝶幼虫的组织为食，但不损害它的生命，以保证之后的发育能够有充足的营养供给。菜粉蝶幼虫几乎被消耗殆尽时，菜粉蝶绒茧蜂幼虫也成熟了，之后羽化发育至成虫。

原产于欧洲、中东地区和非洲北部，后被引入北美洲的还有麦茎蜂（Cephus pygmaeus）。在意大利6月盛开的花朵，尤其是毛茛上很容易观察到它的身影。

## 桑白蚧褐黄蚜小蜂
### *Prospaltella berlesi*

| | |
|---|---|
| 目 | 膜翅目 |
| 科 | 小蜂科 |
| 体长 | 0.6~1毫米 |
| 分布 | 远东地区 |

桑白蚧褐黄蚜小蜂原产于远东地区，现已被引入所有种植桑树且需要生物防治的国家。这种昆虫在成虫阶段是植食性的，但幼虫是胭脂虫的寄生虫。雌性用产卵器刺破介壳，将卵产在胭脂虫的体内；之后，幼虫在变为成虫前会吃掉宿主。雄蜂很罕见，雌蜂可通过孤雌生殖繁衍后代。

## 两色瘤姬蜂
### *Pimpla instigator*

| | |
|---|---|
| 目 | 膜翅目 |
| 科 | 姬蜂科 |
| 体长 | 1~1.5厘米 |
| 分布 | 欧洲、北美洲 |

两色瘤姬蜂分布于整个欧洲和北美洲，属于姬蜂科，以其他昆虫和蜘蛛为食。两色瘤姬蜂是蝶类毛虫的寄生虫。成年雌蜂找到一个毛虫后就会攻击它，将产卵器插入其体内并产卵，之后继续寻找其他毛虫产卵。幼虫以毛虫的组织为食，发育成熟后羽化变为成虫。

## 光青蜂
### *Chrysis ignita*

| | |
|---|---|
| 目 | 膜翅目 |
| 科 | 青蜂科 |
| 体长 | 7~10毫米 |
| 分布 | 古北区 |

光青蜂外表绚丽，颜色鲜艳多变，有金属光泽，身体前半部分呈蓝绿色或深蓝色，腹部呈红色、金色或紫色。夏季，光青蜂出现在乡村地区，喜欢伞形科植物，但也可在乡村住宅的墙壁上找到它的身影。雌蜂利用毒液麻痹其他膜翅目昆虫的幼虫并在其体内产卵，幼虫在宿主体内发育成熟。

细蜂科（Proctotrupidae）昆虫也以其他昆虫为宿主，对于生物防治植物寄生虫十分有效。

## 没食子瘿蜂
### *Biorhiza aptera*

| | |
|---|---|
| 目 | 膜翅目 |
| 科 | 瘿蜂科 |
| 体长 | 2~6毫米 |
| 分布 | 欧洲、小亚细亚半岛、非洲北部 |

没食子瘿蜂分布于欧洲、小亚细亚半岛和非洲北部，生活于树林中，在树根和阔叶植物（尤其是栎树）的树芽上生产卵形虫瘿。在其生命周期中，无性生殖与有性生殖交替出现。

无性生殖的雌性无翅膀，在栎树树根的隧道中发育成熟，之后爬出地面，沿树干爬到树叶间栖居，用产卵器刺破幼芽，并在其中产下12颗卵后死去。幼虫分泌一种特殊物质，会导致植物纤维增生，形成小型虫瘿，里面包含1只幼虫。春末，幼虫发育为成虫后，便离开虫瘿。

## 黑背皱背姬蜂
*Rhyssa persuasoria*

| | |
|---|---|
| 目： | 膜翅目 |
| 科： | 姬蜂科 |
| 体长： | 1.8~3.5厘米 |
| 分布： | 欧洲、北美洲 |

黑背皱背姬蜂分布于欧洲和北美洲，多见于夏季的针叶林中。黑背皱背姬蜂通体呈黑色，是姬蜂科中体型最大、外表最绚丽的物种之一。黑背皱背姬蜂寄生在树蜂科昆虫的幼虫身上，一旦发现树干上有栖居的幼虫，便立即飞到它的身上，用产卵器刺破它的身体，并在其中产卵。几天后，幼虫破壳，并以宿主的身体组织为食；成熟后，挖开一条出路，开始成虫的生活。

# 脉翅目、长翅目、捻翅目及其他昆虫目类

## 蚁蛉科、蛟蛉亚目、跳蚤：一个出乎意料的世界

从让人联想到蜻蜓的蚁蛉到拥有"金眼"的昆虫，从与螳螂相似的蛟蛉到形似巨型蚊子的蚊蝎蛉科昆虫，这些昆虫以它们与其他多种目类昆虫相似的特点震撼着世界。

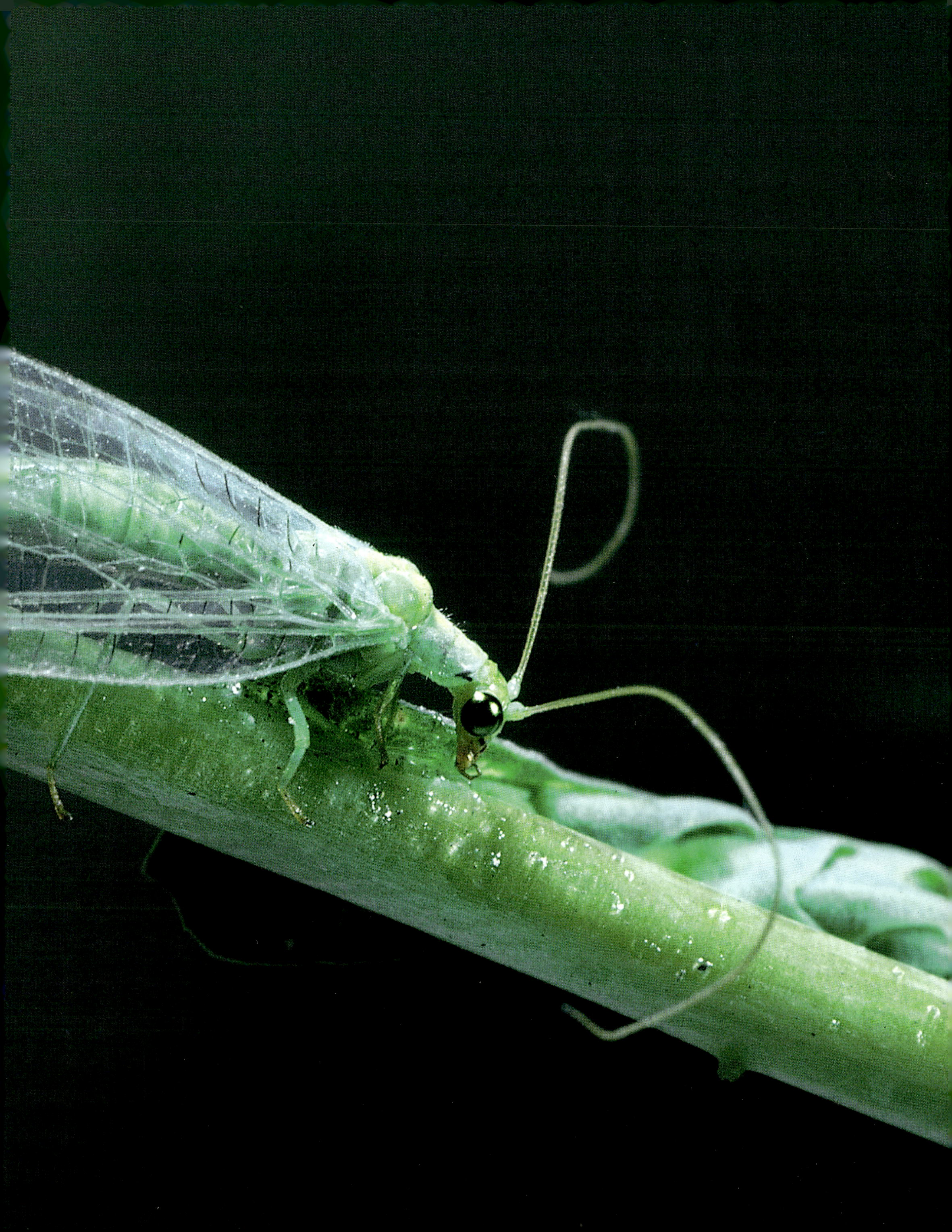

上页图片：草蛉；本页图片：浅足瘤石蛾

# 简介

"翅膀上有脉络"是"脉翅目"这个名词的含义，这个目类的昆虫形态较原始，翅膀上有明显的脉络纹路；蛟蛉亚目属于脉翅目，物种形态多样，十分容易与蝶类、螳螂或蜻蜓混淆。蛇蛉科昆虫身体细长，头部可像蛇那样保持抬起的状态。长翅目下的蚊蝎蛉科十分古老，仅有约300种昆虫存活至今。十分古老的还有毛翅目，其幼虫生活在水环境中，筑造所谓的收容陷阱。捻翅目昆虫则有寄生习性，雌性生活在蜜蜂、胡蜂或蝉的腹部。人类十分厌恶的是蚤目昆虫，跳蚤就是其成员之一。最后，广翅目是翅展极长（约16厘米）的热带昆虫。

# 游须蚁蛉
*Palpares libelluloides*

| | |
|---|---|
| **目**： | 脉翅目 |
| **科**： | 蚁蛉科 |
| **体长**： | 9~10厘米 |
| **分布**： | 欧洲西南部、非洲西北部 |

游须蚁蛉分布于欧洲西南部和非洲西北部，成虫形似蜻蜓，尤其是它那极长的腹部和极发达的翅膀；幼虫身体狭长，头部庞大、低垂，下颚弯曲、长而尖。

游须蚁蛉为肉食性昆虫，幼虫一般生活在土壤中，夜间猎食昆虫，尤其是蚂蚁；它在自己挖掘的沙土洞穴中埋伏，伺机攻击可能的猎物。由于在攻击过程中洞穴四周的沙土会倒塌，加之幼虫会向猎物投掷沙粒，很少有猎物能逃脱这样的圈套。

除游须蚁蛉外，在意大利境内还有其他蚁蛉，如长距蚁蛉（Distoleon tetragrammicus）、泛穴蚁蛉（Myrmeleon formicarius）和东蚁蛉（Euroleon nostras）。

一只蚁蛉在荆棘上休息。它形似蜻蜓，但飞行距离短而且身体沉重，飞几米就需要停下来休息。

## 粉蛉科
*Coniopterygidae*

| | |
|---|---|
| **目**： | 脉翅目 |
| **科**： | 粉蛉科 |
| **体长**： | 2~4毫米 |
| **分布**： | 全世界 |

粉蛉科中有几百种昆虫，其特点是分布于全身的腺体会分泌一种物质覆盖整个身体，包括翅膀，这种分泌物呈白色、鳞状、蜡质。成虫吸取植物的汁液或蚜虫的蜜露为食，生性懒惰，行动缓慢；幼虫则较为活跃，动作迅速，不停地在树上或灌木上活动和捕食。粉蛉科主要的属有粉蛉属（Coniopteryx）。

## 蝶角蛉科
*Ascalaphidae*

| | |
|---|---|
| **目**： | 脉翅目 |
| **科**： | 蝶角蛉科 |
| **体长**： | 4~5厘米 |
| **分布**： | 欧洲西南部、非洲西北部 |

蝶角蛉科分布于欧洲西南部和非洲西北部，其中的物种为大中型肉食性昆虫，在外形和飞行方式上都与蜻蜓十分相似，但触角呈杵状。幼虫也是肉食性的，下颚十分发达。在意大利境内常见的物种有意大利丽蝶角蛉（Libelloides italicus）和丽蝶角蛉（Libelloides coccajus），翅膀上有黄、黑、白三色斑点。

## 螳蛉科
*Mantispidae*

| | |
|---|---|
| **目**： | 脉翅目 |
| **科**： | 螳蛉科 |
| **体长**： | 1~5.5厘米 |
| **分布**： | 热带地区、欧洲南部 |

螳蛉科昆虫通称螳蛉，它们的第一对步足十分巨大，可折叠，猎食方式为伏击，就像缩小版的螳螂。只有通过螳蛉膜质、狭长、布满脉络的翅膀才能看出它们是脉翅目昆虫。幼虫的身体类似一只膨胀、粗壮的蛹，行动不便，习惯隐藏于蜘蛛卵中，这既是它们的庇护所，也是其食物储备室。螳蛉科最具代表性的物种为欧洲螳蛉（Mantispa styriaca）。

## 褐蛉科
### *Hemerobiidae*

| | |
|---|---|
| **目:** 脉翅目 | |
| **科:** 褐蛉科 | |
| **体长:** 1~1.8厘米 | |
| **分布:** 欧洲、亚洲、美国南部 | |

褐蛉科昆虫与草蛉科昆虫十分相似，但体型更小，包括700多个物种，翅膀色彩丰富。可在夏季的林中空地和树林边缘观察到褐蛉科昆虫的成虫。部分褐蛉科昆虫的幼虫可用于农业生物防治，可消灭大量的蚜虫、胭脂虫、粉螨和其他植物寄生虫。褐蛉科的主要属有褐蛉属（Hemerobius）和脉褐蛉属（Micromus）。

## 草蛉科
### *Chrysopa*

| | |
|---|---|
| **目:** 脉翅目 | |
| **科:** 草蛉科 | |
| **体长:** 3~7厘米 | |
| **分布:** 热带地区、温带地区 | |

草蛉科昆虫分布于全世界的热带和温带地区，眼睛呈金黄色，外表优雅绚丽，翅膀轻盈，身体多呈绿色、蓝色或棕色；丝状触角细长；夜间活跃。草蛉科昆虫的幼虫为益虫，因为它们能够消灭农业害虫的幼虫和成虫。草蛉科中有大草蛉（Chrysopa septempunctata），具有特殊腺体，能分泌奇臭的液体用于防御猎食者；丽草蛉（Chrysopa formosa）和普通草蛉（Chrysopa carnea），以及意大利意草蛉（Italochrysa italica）。

## 水蛉科
### *Sisyridae*

| | |
|---|---|
| **目:** 脉翅目 | |
| **科:** 水蛉科 | |
| **体长:** 1~5.5厘米 | |
| **分布:** 热带地区、欧洲南部 | |

水蛉科的成员约有50个，体型较小，有丝状触角，无单眼，部分物种，如水蛉（Sisyra fuscata）在意大利境内有分布。在波河平原地区，有翅成虫出现在4月；而在南方地区，3月便可观察到它们的身影。其幼虫在水中生活，具有气管鳃，可在水中呼吸；有群居行为的倾向，主要以淡水中的海绵为食。

## 泥蛉科
### *Sialis*

| | |
|---|---|
| **目:** 广翅目 | |
| **科:** 泥蛉科 | |
| **体长:** 1.5~2厘米 | |
| **分布:** 热带地区、欧洲 | |

泥蛉科昆虫通体呈暗黑色，属于广翅目（"广翅"意为"翅膀宽大"）。但实际上，欧洲泥蛉科昆虫的翅展仅为2~3厘米。成虫的寿命较短，仅限于完成交配、繁殖，生活在淡水附近，受精卵多产于水生植物的茎部；幼虫有很强的猎食性，在水中发育成熟。黄边泥蛉（Sialis flavilatera）、灰翅泥蛉（Sialis lutaria）在意大利境内有分布。

## 蛇蛉科
### *Raphididae*

| | |
|---|---|
| **目:** 蛇翅目 | |
| **科:** 蛇蛉科 | |
| **体长:** 1~4厘米 | |
| **分布:** 欧洲中北部 | |

蛇蛉科物种为大中型昆虫，因其身体前部的形状似蛇，故也称"蛇虫"。它们的体态特征为头部小；颈部长而细，可活动；步足长，步足相似；腹部较短；雌性长而细的产卵器。幼虫在陆地上生活，可在树皮下快速移动。蛇蛉（Raphidia ophiopsis）的身体呈褐色，在意大利境内有分布。相近的科类有盲蛇蛉科（Inocelliidae）。

165

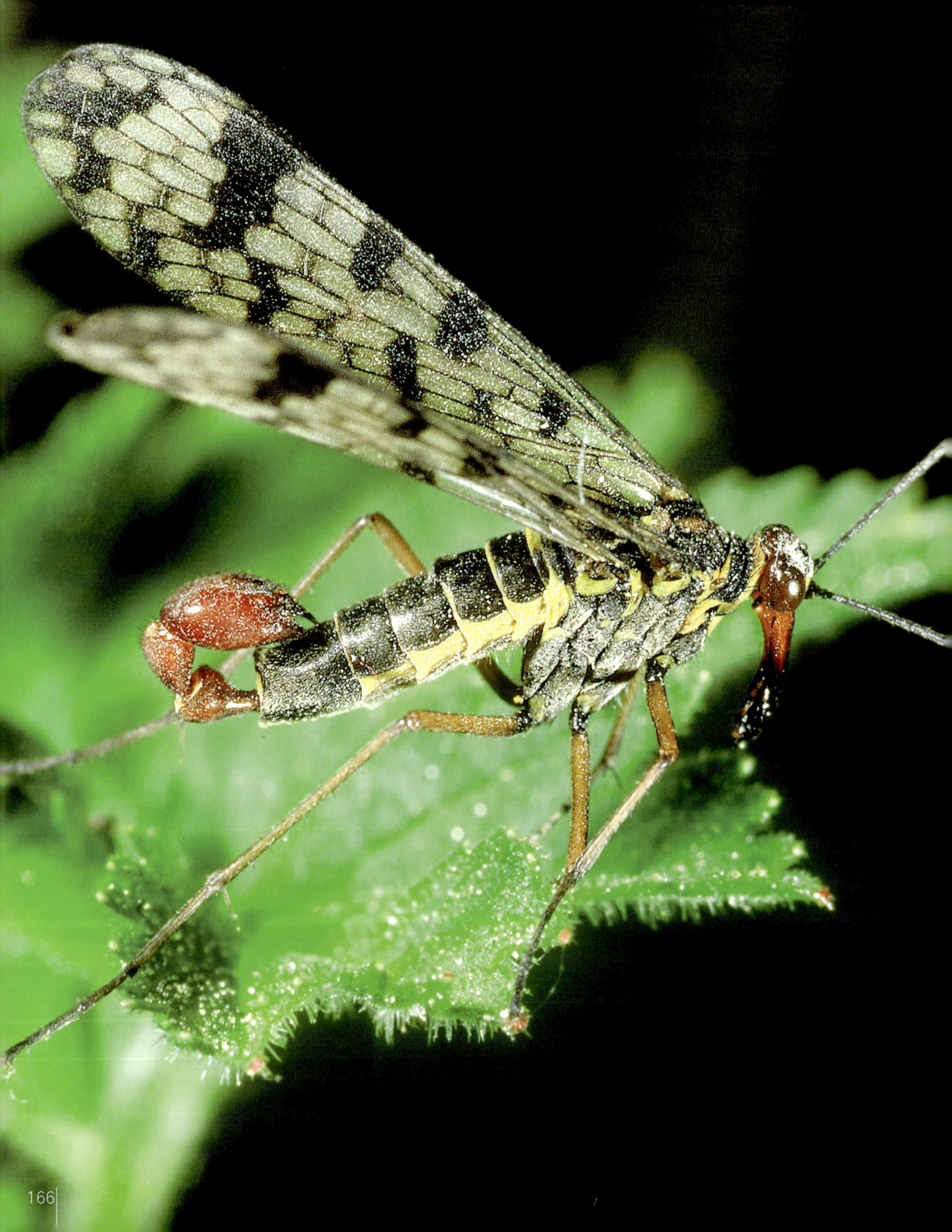

## 蝎蛉
*Panorpa*

| 目 | 长翅目 |
| --- | --- |
| 科 | 拟蝎蛉科 |
| 体长 | 2~3厘米 |
| 分布 | 欧洲 |

"蝎蛉"这个通称指的是多种蝎蛉科的物种，来源于雄性腹部末端的构造——向上翘起，让人联想到蝎子的毒刺。除此之外，它们的头部延长为一根喙，翅膀通常带有暗色斑点。幼虫和成虫均以节肢动物（活的或死的）和植物为食。

蝎蛉的繁殖活动很有趣，雄性在地上分泌一滴唾液，雌性受到吸引，分神慢慢享用此美食，此时雄性利用机会开始交配，但在交配过程中雄性还需要继续分泌唾液以安抚伴侣。

蝎蛉科的主要物种有德国蝎蛉（Panorpa germanica）、阿尔卑斯蝎蛉（Panorpa alpina）和蝎蝇（Panorpa communis）。

一只蝎蝇（Panorpa communis）栖息在树叶上，腹部末端十分明显地翘起，模仿蝎子的毒刺。

## 蚊蝎蛉科
*Bittacidae*

| 目 | 长翅目 |
| --- | --- |
| 科 | 蚊蝎蛉科 |
| 高度 | 1.5~4厘米 |
| 分布 | 全世界 |

蚊蝎蛉科的成员形似大蚊，与田园大蚊类似，不同的是蚊蝎蛉科昆虫具有狭长的额角。它们夜间活动频繁，隐匿在杂草之间，利用其长而有力的前足伏击小型昆虫。其前足可张开立于植物上数小时，当猎物靠近时，它们利用后足快速勾住猎物，之后将其送至嘴边享用。

## 雪蝎蛉科
*Boreidae*

| 目 | 长翅目 |
| --- | --- |
| 科 | 雪蝎蛉科 |
| 体长 | 2~6毫米 |
| 分布 | 欧洲、北美洲 |

雪蝎蛉科的成员体型很小，无翅膀或几乎无翅膀。雄性的翅转化为用于交配时抓住雌性的器官。雪蝎蛉科昆虫喜欢行走，善于在雪上爬行，也善于跳跃。成虫在秋季出现，并在整个冬季活跃，即使气温刚刚高于0摄氏度，也可在白天外出活动。它们生活在稠密树林的苔藓中，苔藓和死亡的节肢动物是它们的食物。

## 捻翅虫科
*Stylopidae*

| 目 | 捻翅目 |
| --- | --- |
| 科 | 捻翅虫科 |
| 体长 | 1~5毫米 |
| 分布 | 全世界 |

捻翅虫科昆虫的雄性独立生存，有翅膀；而雌性则寄生在蜜蜂、胡蜂或蝉的腹部。被寄生的昆虫一般不会死亡，但失去了繁殖能力（动物学家将其定义为"捻去的"）。雌性几乎完全陷入宿主的体内，由于雄性无法看到雌性，所以雌性会释放气味吸引雄性。雄性通过身体表皮受精，几天后极小的幼虫出生，宿主在不知情的情况下将它们带进蜂巢或花朵中。

## 犬蚤
*Ctenocephalides canis*

| 目: 蚤目 |
|---|
| 科: 蚤科 |
| 体长: 2~4毫米 |
| 分布: 全世界 |

犬蚤的头部呈圆形，身体呈暗红色，口部附近和胸部第一体节上有一系列刺。犬蚤喜欢以犬类作为宿主，也会叮咬猫和人类。正如致痒蚤一样，犬蚤只有成虫才会生活在宿主身上，而幼虫则生活在狗窝中。犬蚤是传播犬复殖孔绦虫（Dipylidium caninum）的媒介，可使犬类感染。

猫蚤（Ctenocephalides felis）与犬蚤的习性相似。

## 印鼠客蚤
*Xenopsylla cheopis*

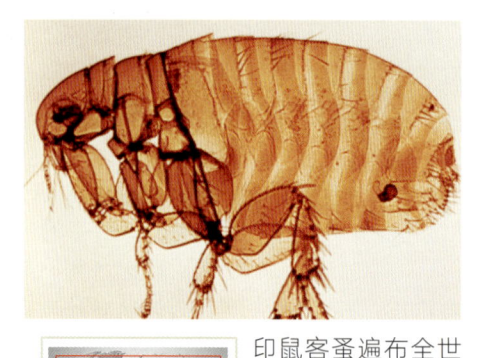

| 目: 蚤目 |
|---|
| 科: 蚤科 |
| 体长: 1~5毫米 |
| 分布: 全世界 |

印鼠客蚤遍布全世界，喜欢气候炎热的热带地区，身体呈浅褐色，是一种啮齿类动物寄生虫，喜欢寄生于家鼠属（Rattus）动物，还可侵袭人类。印鼠客蚤的生命周期和习性与致痒蚤类似，但需要注意的是，印鼠客蚤曾经是传播鼠疫和鼠型斑疹伤寒的主要媒介，它以感染病菌的家鼠血液为食，若之后再叮咬人类，吸食人类的血液，就会将上述两种病菌注入人体，使人类感染这两种疾病。

## 致痒蚤
*Pulex irritans*

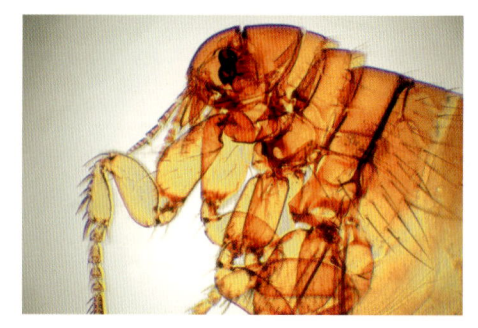

| 目: 蚤目 |
|---|
| 科: 蚤科 |
| 体长: 1~5毫米 |
| 分布: 全世界 |

致痒蚤遍布全世界，身体呈暗褐色，无翅膀，身体侧面扁平；后足长而粗，可跳跃。致痒蚤利用吻管刺破人类或哺乳动物的表皮，吸吮血液为食。

在交配和吃饱后，雌性每次在床单、宿主身体或布满灰尘的角落里产下4~8颗卵，幼虫以有机残渣为食。成虫在人类靠近它时，跳到人身上后立即叮咬。致痒蚤的叮咬十分令人讨厌，有时相当疼痛。致痒蚤可成为某些严重疾病，如地方性鼠疫的传播媒介。

## 鸟蚤
*Ceratophyllus gallinae*

| 目: 蚤目 |
|---|
| 科: 多毛蚤科 |
| 体长: 1~8毫米 |
| 分布: 全世界 |

鸟蚤的身体呈褐色，几乎看不到眼睛和触角，口器的构造适于刺破皮肤和吮吸血液。鸟蚤在鸡类身上十分常见，也会寄生在野生鸟类身上。鸟蚤喜欢温暖的地方，常隐匿在鸟巢和鸡窝里的粪便中，只有当它饥饿时，才会跳上宿主的身体吮吸血液。

鸡类的寄生虫还有鸡蚤（Echidnophaga gallinacea），受精的雌性栖居在鸡冠和鸡垂肉上，形成典型的小块结节。

## 穿皮潜蚤
*Tunga penetrans*

| 目: 蚤目 |
|---|
| 科: 盲蚤科 |
| 体长: 1~3毫米 |
| 分布: 非洲、马达加斯加、南美洲、印度 |

穿皮潜蚤体型极小，身体几乎透明，是一种严重热带传染病的传播媒介。雌雄性均以血液为食，但只有受精的雌性才会穿过哺乳动物的表皮，用向内的口器固定自己，腹部朝外，里面充满受精卵。这种入侵多见于脚部，人类赤脚在有穿皮潜蚤的土地上行走时极易感染。穿皮潜蚤进入皮肤后会令人痛痒难忍，需要就医才能取出这种寄生虫。

## 大石蛾
*Phryganea grandis*

| 目: 毛翅目 |
|---|
| 科: 石蛾科 |
| 体长: 1.5~2.2厘米 |
| 分布: 欧洲、西伯利亚、北美洲 |

大石蛾的翅展可达6厘米，是欧洲最大的石蛾科昆虫；生活在山地或平原地区。它的成虫出现在5~8月，夜间在水面附近活动，体色为赭石色或浅褐色。幼虫为食虫动物，生活在静水环境中，会用下颚修剪树叶残片，使之成为完美的正方形，并用其制造长达4厘米的复杂"木排"，之后将"木排"按螺旋形排列，直到建成一个圆柱形管道以供其居住。

一只致痒蚤。这只小虫子绝对保持了动物界中跳远和跳高的纪录。实际上,它可以跳25厘米(超过体长的150倍)高、35厘米(超过体长的200倍)远。

# 鳞翅目

## 彩翅与茧：蝴蝶的世界

蝴蝶对于所有人来说都是优雅与美貌的代名词，它们轻盈地纷飞在花丛中，为人们所熟知。人们不熟知但同样引人入胜的是其生物学特征、体型的多样性和变态发育的复杂性。

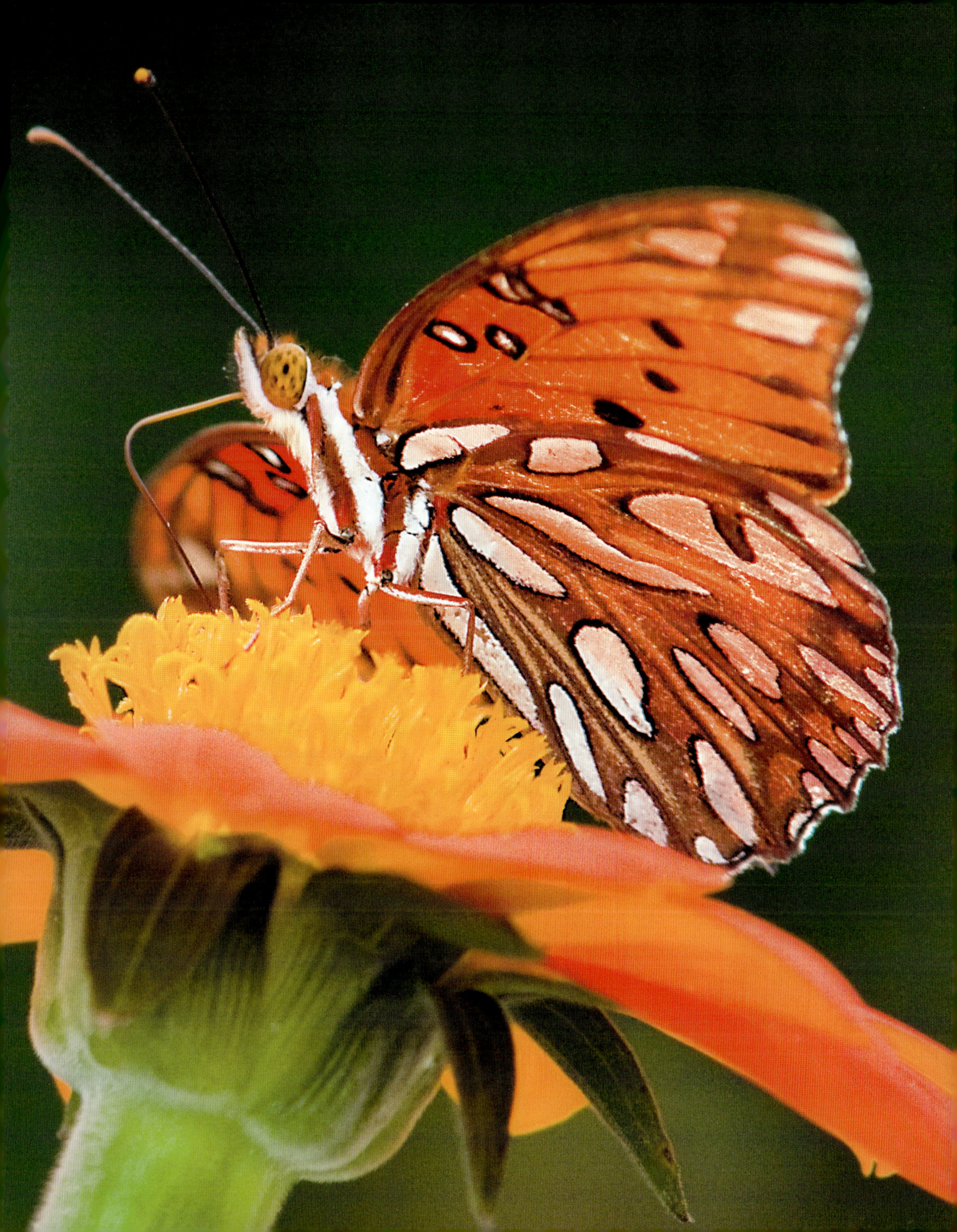

上页图片：银纹红袖蝶；本页图片：天蚕蛾的幼虫

# 简介

鳞翅目的成员包括了通常被称为"蝴蝶"或"蛾"的昆虫，既有白天活跃的物种，也有夜间活跃的物种，成虫具有两对膜质翅，上面披有鳞毛。鳞翅目昆虫色彩多样，体型不一，身体覆有绒毛，头部小，有两只大复眼，夜行性物种的复眼可反射光线；触角的结构根据物种不同而有所区别；口器通常为虹吸式，不进食时呈螺旋状卷起。

由受精卵发育的幼虫（又称毛虫）在一段时间后转变成蛹，由蛹完成变态发育，于是拥有了成虫的外貌，最后破茧而出，羽化高飞。

## 小翅蛾
*Micropterix calthella*

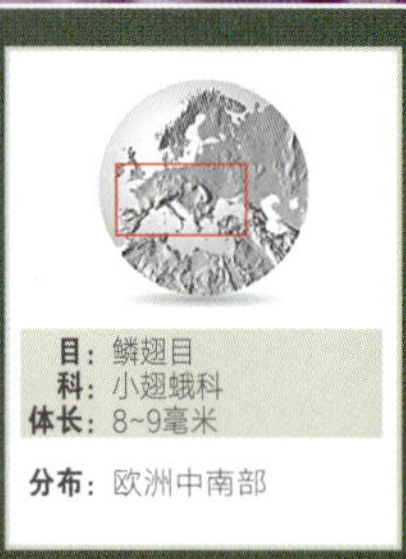

小翅蛾分布于欧洲中南部，包括意大利。小翅蛾的形态相对原始。在春季的草地中可见小翅蛾到处飞行觅食的场景。它的翅膀呈披针状，条裂明显，颜色为浅褐色，无虹吸式口器。幼虫的特征为腹部具有短小的附肢，生活在苔藓中，而且仅以苔藓为食。

同属的物种还有奥氏小翅蛾（Micropterix ostherderi）。

目：鳞翅目
科：小翅蛾科
体长：8~9毫米
分布：欧洲中南部

## 红白蝙蝠蛾
*Hepialus humuli*

红白蝙蝠蛾分布于古北区（向北至北极圈）和中东地区，出现在6~8月的夜晚的湿草地、树林和公园内。雄性和雌性的颜色、大小都不相同，雌性体型更大，颜色更暗。雄性释放气味吸引雌性交配，雌性在空中产卵，任由受精卵落入土壤。其幼虫在地下生长发育，以蒲公英、款冬、忽布等草本植物的根为食，有时也蚕食菜园内的植物。幼虫在土壤内完成变态发育，破茧后具有成虫形态。

相近的欧亚种有蝙蝠蛾（Hepialus hecta）（见右图），翅展为2~3厘米。

蝙蝠蛾科昆虫也称鬼蛾，还包含黄绿蝠蛾属（Charagia）和地图蝠蛾属（Korscheltellus）。

目：鳞翅目
科：蝙蝠蛾科
体长：4~7厘米
分布：古北区、中东地区

## 贝壳杉蛾科
*Agathiphagidae*

贝壳杉蛾科属于无喙亚目（Aglossata），形态原始，主要分布于大洋洲，无虹吸式口器，为夜行性昆虫。其幼虫在南美杉的种子中生长发育，如果外部条件不利于发育，幼虫就会停止生长，最长可达12年。贝壳杉蛾科下只有一个贝壳杉蛾属，包括两个种：昆士兰贝壳杉蛾（Agathiphaga queenslandensis），斐济贝壳杉蛾褐色，分布于澳大利亚；（Agathiphaga vitiensis），褐色，分布于斐济群岛和所罗门群岛。

目：鳞翅目
科：贝壳杉蛾科
体长：8~10毫米
分布：大洋洲

## 异石蛾属
*Heterobathmia*

异石蛾属属于异石蛾科，其成员是鳞翅目中形态相当原始的昆虫；有下颚，以花粉为食；有咀嚼式口器，与小翅蛾科相比，口器的分化程度较低。异石蛾属昆虫生活在南美洲，是日行性蛾类，体型小，身体有金属光泽。其幼虫喜食假山毛榉属植物的叶片。

目：鳞翅目
科：异石蛾科
体长：7.5~9毫米
分布：南美洲

蝙蝠蛾（Hepialus hecta）常见于6~7月的湿草地和树林边缘地区。为吸引雌性，雄性会释放美妙的菠萝味香气。

# 大西洋赤蛱蝶
*Vanessa atalanta*

| | |
|---|---|
| 目 | 鳞翅目 |
| 科 | 蛱蝶科 |
| 体长 | 5~6厘米 |
| 分布 | 欧洲、亚洲、北美洲 |

大西洋赤蛱蝶分布于欧洲、亚洲和北美洲，可通过其翅膀的深棕色、白色和红色的鲜艳图案轻易辨别出它。夏季和秋初时节，可见大西洋赤蛱蝶在草地、花园、树林和林中空地中飞行。它喜欢停留在树桩和受伤的树干上吮吸汁液，也会被熟透的果实吸引；幼虫则以荨麻叶为食。

大西洋赤蛱蝶在白天活动，有迁徙的习性，春季从南方向欧洲中部和北部迁移。一般来说，生活在阿尔卑斯山北部的成虫会在冬天死去，虽然在少数情况下，部分个体可蛰伏度过冬天；相反地，在欧洲南部则可以于冬季的晴天见到大西洋赤蛱蝶四处飞行。

## 白钩蛱蝶
*Polygonia c-album*

| | |
|---|---|
| 目 | 鳞翅目 |
| 科 | 蛱蝶科 |
| 体长 | 4~5厘米 |
| 分布 | 亚欧大陆、非洲北部 |

白钩蛱蝶的名字源自其后翅下表面的C形白斑，其身体呈橘红色，翅膀边缘密布齿形花边。成虫可越冬并于第二年春天产卵，第一代幼虫可于5~6月在荨麻、忽布和醋栗上见到。羽化发生在6~7月，之后马上就有了第二代卵，第二代幼虫在8~9月出现，准备冬眠。

相近的物种有小钩蛱蝶（Polygonia egea）。

## 黄缘蛱蝶
*Nymphalis antiopa*

| | |
|---|---|
| 目 | 鳞翅目 |
| 科 | 蛱蝶科 |
| 体长 | 5.5~7.5厘米 |
| 分布 | 欧洲、亚洲、北美洲 |

黄缘蛱蝶分布于欧洲、亚洲的温带地区和北美洲，是意大利最优雅的蝴蝶之一，其翅膀呈深褐色，外边缘呈黄色，伴有椭圆形蓝色小斑点，可见于平原和山地的河边与林间小路。幼虫在6~7月活动，以桦树、柳树和杨树的叶子为食，在夏秋季可观察到成虫，成虫在冬季蛰伏。

## 孔雀蛱蝶
*Inachis io*

| | |
|---|---|
| 目 | 鳞翅目 |
| 科 | 蛱蝶科 |
| 体长 | 5~6厘米 |
| 分布 | 欧洲、亚洲 |

孔雀蛱蝶又称"孔雀之眼"，分布于欧洲和亚洲的温带地区。自春季刚刚回暖的那几天起，就可在多种环境中的花朵上发现孔雀蛱蝶。它的外表十分绚丽，翅膀表面呈暗红色，前后翅上各有两个蓝色反光的椭圆形斑点，让人联想起孔雀尾巴上的"眼睛"。幼虫呈亮黑色，每个体节上均有很多白色小点，以荨麻的叶片为食。

## 小红蛱蝶
*Vanessa cardui*

| 目: | 鳞翅目 |
| 科: | 蛱蝶科 |
| 体长: | 4.5~6厘米 |
| 分布: | 全世界 |

小红蛱蝶遍布全世界，是意大利最常见的蝴蝶之一，在平原和山地均有分布。小红蛱蝶会在干旱的田地和草原上飞来飞去，飞行轨迹呈典型的之字形。它的外表虽然优雅多姿，但却并不显眼。

在意大利，小红蛱蝶每年可繁殖3代，成虫在初春出现，交配后，雌蝶在蓟草和其他菊科植物上产卵。幼虫在叶腋下生活，发育完成后，羽化时间相对较短，羽化后开始产卵生育第二代，接着是第三代。最后一代幼虫在秋季变成蛹，并以这种形式度过冬天，在第二年春天羽化。

由于小红蛱蝶为迁徙物种，在4~5月，第一代小红蛱蝶从南方向欧洲中部和北方迁徙；而在秋季，第三代成虫则飞回南方。

## 枯叶蛱蝶
*Kallima inachus*

| 目: | 鳞翅目 |
| 科: | 蛱蝶科 |
| 体长: | 6~8厘米 |
| 分布: | 欧洲地中海地区、亚洲热带地区 |

枯叶蛱蝶分布于欧洲地中海地区和亚洲热带地区，虽然罕见但也可见于意大利南部地区。枯叶蛱蝶以其出色的模仿能力而著称。枯叶蛱蝶的翅膀上表面绚丽多彩（后翅呈深蓝色；前翅呈暗蓝色，伴有黄色或红色条纹），下表面则完全模仿枯叶的颜色和形状。于是，当枯叶蛱蝶收起翅膀停留在树枝上时，很难在树丛中发现它。

## 荨麻蛱蝶
*Aglais urticae*

| 目: | 鳞翅目 |
| 科: | 蛱蝶科 |
| 体长: | 4~5厘米 |
| 分布: | 从欧洲西部到日本 |

荨麻蛱蝶生活在自平原至海拔3000米的林间空地、树林边缘、草地、农田和花园中。它的外表色彩丰富，有褐色、奶油色、橘色和天蓝色，伴有斑点和齿边装饰。荨麻蛱蝶于3月离开冬眠的居所，5月第一代幼虫开始发育，喜食荨麻，成虫在7月羽化；第二代幼虫在夏末变为成虫，并在"庇护所"中度过冬天。

## 亚马孙地区的绝美蝶类

蛱蝶科中还包括绚丽的闪蝶属（Morpho）昆虫，是典型的亚马孙热带雨林的物种。雌蝶的外形并不显眼，雄蝶则有着闪耀的颜色，包括天蓝色、褐色、红色和黄色，并伴有金属光泽。最有意思的是，其颜色会因光线的入射角的不同而发生变化。

|177

## 黄缘螯蛱蝶
*Charaxes jasius*

| 目 | 鳞翅目 |
|---|---|
| 科 | 蛱蝶科 |
| 体长 | 6~8厘米 |
| 分布 | 欧洲地中海地区 |

黄缘螯蛱蝶是螯蛱蝶属（Charaxes）中唯一的欧洲品种，分布于地中海地区沿意大利海岸线的丛林中，是欧洲蝶类中最美丽的一种。黄缘螯蛱蝶俗称"双尾蝶"，翅膀上表面呈亮棕色，边缘呈橘色，下表面有多种颜色的斑点绒毛。与大多数蝶类不同，黄缘螯蛱蝶成虫不以糖类物质为食，而吃腐食；幼虫则喜食杨梅。

黄缘螯蛱蝶每年繁殖两代，第一代出现在5~6月；第二代出现在8~9月，在幼虫阶段冬眠，第二年1月末幼虫醒来，重新在柑橘树或杨梅丛中活动。雌性羽化和交配后，将卵产在树叶的上表面上。

## 黑脉金斑蝶
*Danaus plexippus*

| 目 | 鳞翅目 |
|---|---|
| 科 | 蛱蝶科 |
| 体长 | 7.5~10厘米 |
| 分布 | 北美洲和南美洲、加纳利群岛、马德拉岛 |

黑脉金斑蝶或许是北美洲和南美洲最有名的蝶类，分布于从加拿大南部到亚马孙地区的广大区域、加纳利群岛和马德拉岛。黑脉金斑蝶的外表优雅，翅膀呈橘色，有黑色脉纹，边缘有白色斑点。幼虫的身体呈黑色、黄色和白色条纹相间，它在萝藦科（Asclepiadacee）植物上生长发育。从受精卵到成虫仅需1个月左右，每年的繁殖代数根据气候条件的不同有所变化。

黑脉金斑蝶以其极长的迁徙路线而闻名，有时甚至远离其分布区域，直到印度尼西亚、澳大利亚、亚速尔群岛、葡萄牙和西班牙。秋季，北美洲的蝶群从北方向南方的冬眠地进发。比如，在美国加利福尼亚州，冬天可观察到几万只黑脉金斑蝶聚集在树枝上，处于半蛰伏状态；而在海拔3000米的墨西哥小村庄里，会有超过1400万只黑脉金斑蝶在1.5公顷的地域内过冬。第二年春天，完成交配后，黑脉金斑蝶开始返程，在此过程中，部分雌蝶会停下产卵。

## 柳紫闪蛱蝶
*Apatura ilia*

| 目 | 鳞翅目 |
|---|---|
| 科 | 蛱蝶科 |
| 体长 | 5~6厘米 |
| 分布 | 欧洲、亚洲 |

柳紫闪蛱蝶分布于欧洲和亚洲，从西班牙一直到日本，在意大利中北部地区有分布。雄蝶的翅膀有着蓝紫色的金属光泽，颜色会根据光线入射角度的不同而发生变化，这一特点在雌蝶身上是看不到的，因为雌蝶翅膀的结构有所不同。柳紫闪蛱蝶常见于稀疏树林、平原的潮湿树林中，通常在河流、湖泊或水流的岸边可以遇到它。它停留在柳树和杨树最高的树枝上，幼虫就是在这里发育成熟的。柳紫闪蛱蝶每年繁殖两代，第一代出现在6月，第二代出现在7~8月。

相近的物种有紫闪蛱蝶（Apatura iris）。

## 日落蛾
*Chrysiridia madagascariensis*

| 目 | 鳞翅目 |
|---|---|
| 科 | 燕蛾科 |
| 体长 | 7~10厘米 |
| 分布 | 马达加斯加岛 |

日落蛾因其绚丽闪亮的外表已为人熟知，更不用说雌蝶巨大的体型了。日落蛾的第一对翅膀呈黑色，有暗绿色金属光泽的斑点和条纹；第二对翅膀有齿状边缘，后部附肢狭长，呈黑色，有天蓝色和橘红色的斑点装饰。日落蛾为日行性昆虫，幼虫喜食大戟属植物。

相近的属有燕蛾属（Urania），分布于美国的热带地区；赫拉克勒斯拟态燕蛾属（Alcides），分布于澳大利亚和印度尼西亚，颜色鲜艳，为日行性昆虫。

## 小心！有毒！

　　黑脉金斑蝶成虫和幼虫的特殊颜色是它的"警戒色"，有防止被捕食者猎杀的作用。因为黑脉金斑蝶用警戒色告知敌人："我含有毒性物质，最好别碰我。"幼虫和成虫体内含有不可食用的特殊化合物，来自幼虫爱吃的马利筋属植物。

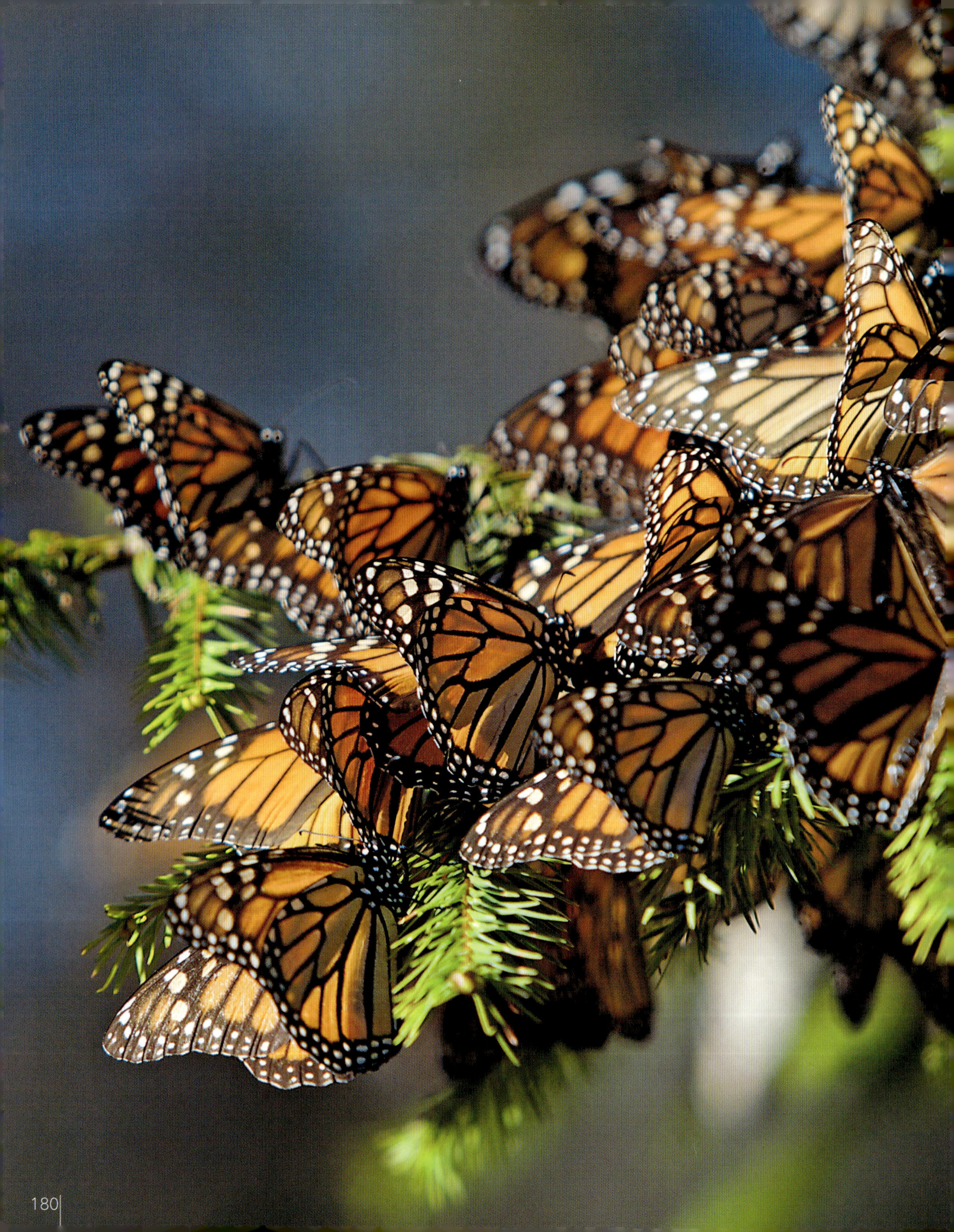

左图：黑脉金斑蝶的大型集会。由于分布广泛，黑脉金斑蝶已被美国和加拿大授予"国家昆虫"的荣誉称号。

下图：从上到下依次为拟斑蛱蝶（Limenitis arthemis），分布于北美洲；绿鸟翼凤蝶（Ornithoptera priamus），分布于大洋洲；东方虎凤蝶（Papilio glaucus），原产于美国东部。

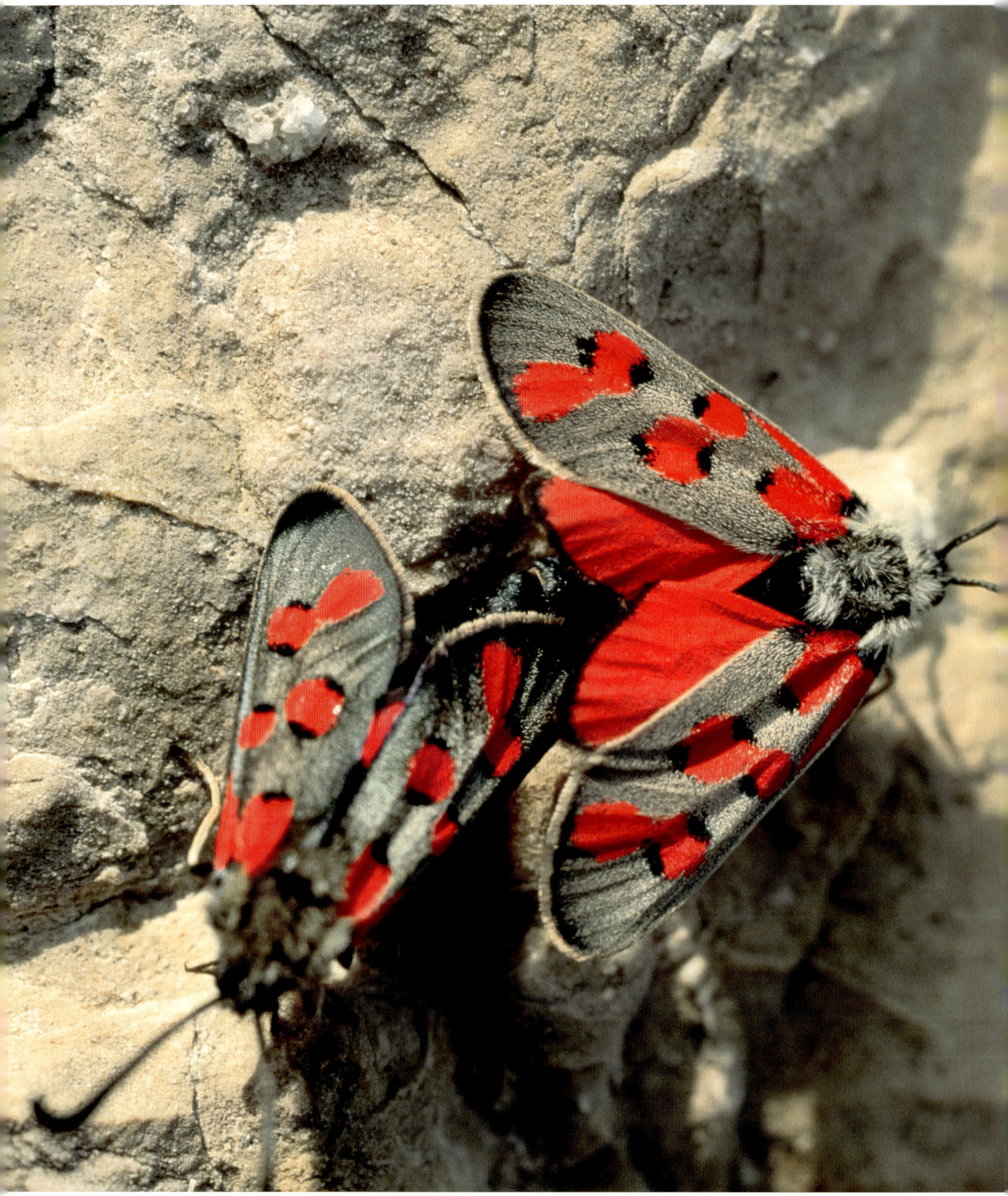

## 六星灯蛾
*Zygaena filipendulae*

**目**：鳞翅目
**科**：斑蛾科
**体长**：2.8~3.5厘米
**分布**：欧洲、跨高加索地区、加纳利群岛

六星灯蛾分布于欧洲、跨高加索地区和加纳利群岛，在意大利境内很常见。白天可见六星灯蛾在山丘向阳坡、林间空地、草地的花丛中飞来飞去。六星灯蛾是一种颜色鲜艳的小型蛾类，成虫的身体呈蓝褐色和红色；幼虫的身体呈黄色，伴有黑色斑点。成虫以花蜜为食，而幼虫则常在莲属（Lotus）和小冠花属（Coronilla）植物（但不限于）上生长发育。

受精的雌蛾在偏爱的植物叶片上产卵，之后迅速死去。幼虫以寄居的植物为食，并在其上过冬；一旦发育成熟，便吐丝成茧，6月成虫破茧而出。六星灯蛾可分泌一种臭味油状液体，因此很少受到食虫鸟类的袭击。

## 舞毒蛾
*Lymantria dispar*

**目**：鳞翅目
**科**：毒蛾科
**体长**：3.2~5.5厘米
**分布**：欧洲、亚洲中南部、日本、非洲北部、北美洲

舞毒蛾分布于欧洲、亚洲中南部、日本、非洲北部，后被引入北美洲。雄性的体型远远小于雌性。舞毒蛾出现在7~8月的树林和花园中。雄性在受精后死去，雌性不会离开其出生和交配的树枝，并在此产卵（可达500颗）；再用从腹部撕下的绒毛盖住卵，使它们看起来像是长在树上的菌类。春季，幼虫出生，在多种阔叶植物上生长发育，特别贪吃，能够毁坏一整棵树，会给树林造成巨大的损害。

毒蛾科昆虫还有古毒蛾（Orgyia antiqua），其雌蛾翅膀退化，不善飞行。

## 黑带二尾舟蛾
*Dicranura vinula*

**目**：鳞翅目
**科**：舟蛾科
**体长**：4.5~7厘米
**分布**：亚欧大陆、西伯利亚、日本、非洲北部

黑带二尾舟蛾是一种大型夜行性蛾类，通体有绒毛，外表优雅，身体呈白色、灰色和褐色。其幼虫身体粗壮，呈绿色、红褐色，具明显的伪足（行动用的突起），头部十分发达，形似一张"脸"。幼虫还拥有特殊的腹部器官，在受到刺激时能够向外弯曲，还能分泌一种刺激性很强的液体，"敌人"一般都会因此而逃跑。

## 豹灯蛾
*Arctia caja*

**目**：鳞翅目
**科**：灯蛾科
**体长**：4.5~6.5厘米
**分布**：欧洲、亚洲、北美洲

豹灯蛾是灯蛾科中最有名的物种，在意大利境内相当常见（除普里亚大区、莫里塞大区、西西里岛和撒丁岛外）。成虫出现在7~8月，外表颜色鲜艳，前翅呈暗白色，伴有暗色斑点；后翅呈红色，伴有5个黑色圆形斑点。幼虫通体有黑色细毛，通常可在草地或农田中观察到它，以树叶为食，但不会给树木造成巨大的损失。幼虫发育成熟后，吐丝结茧，变为蛹，此后经过很短的时间就能发育至成虫。

## 网衣蛾
*Tineola biselliella*

| 目 | 鳞翅目 |
|---|---|
| 科 | 谷蛾科 |
| 体长 | 8~16毫米 |
| 分布 | 全世界 |

如今网衣蛾的数量已经比过去减少了许多，它生活在人类居所和存放织物的仓库中。成虫的外表不显眼，身体呈浅褐色或赭石色，春天开始活跃，雌性常在羊毛织物（少见于真丝和棉质衣物）中产卵，幼虫就以这些织物为食，但也会蚕食毛皮类和羽毛类衣物。

相近的物种有带壳衣蛾（Tinea pellionella）和毛毡衣蛾（Trichophaga tapetzella），它们的破坏力极强。

## 印度谷螟
*Plodia interpunctella*

| 目 | 鳞翅目 |
|---|---|
| 科 | 螟蛾科 |
| 体长 | 1.7~2厘米 |
| 分布 | 全世界 |

印度谷螟喜食谷物和面粉，以及面食、果脯、饼干和其他人类食品。成虫的前翅颜色以一条奶油色的色带为基础，另一条色带位于翅膀边缘，呈橘褐色，两条色带由一条暗色条纹隔开。幼虫的体长约为1.5厘米，呈淡黄色。雌性可在食品中产下300颗卵，每年繁殖2~4代。冬季在配有暖气的人类居所中，印度谷螟会迅速繁殖，白天可见于窗帘和墙壁上。

褐水螟（Nymphula nymphaeata）也属于螟蛾科，是极少数拥有水生幼虫的蛾类之一（可严重损毁水稻等作物）。成虫的翅膀呈银白杂色，在沉水叶上产卵。

同科的物种还有苣蓿巢螟（Hypsopygia costalis）、仙人掌螟蛾（Cactoblastis cactorum）和玉米螟（Pyrausta nubilalis）。玉米螟原分布于亚欧大陆，19世纪初被引入美国。除玉米外，玉米螟还蚕食甜高粱和大麻。在意大利境内，它每年可繁殖两代成虫，第一代的幼虫仅侵入玉米的茎部，而第二代的幼虫则可进入玉米穗中。

## 地中海斑螟
*Ephestia kuehniella*

| 目 | 鳞翅目 |
|---|---|
| 科 | 螟蛾科 |
| 体长 | 2~2.4厘米 |
| 分布 | 全世界 |

地中海斑螟分布于全世界，生活在人类居所、磨坊和仓库中。幼虫以谷物、面粉为食。成虫外表普通，前翅呈灰白色，后翅呈白色。幼虫一开始时呈玫瑰红色，之后变为淡白色，成熟时体长为8~9毫米。成虫喜欢黑暗、不通风的环境，全年均可产卵，每年可繁殖1~5代成虫。

紫斑谷螟（Pyralis farinalis）有着类似的习性，但外表稍有不同。

## 大蜡螟
*Galleria mellonella*

| 目 | 鳞翅目 |
|---|---|
| 科 | 螟蛾科 |
| 体长 | 1.5~4厘米 |
| 分布 | 全世界 |

大蜡螟是蜂农的噩梦，因为受精后的雌性会进入蜂巢，并在蜂巢里产卵，蜜蜂强烈抵抗也无济于事。成虫外表普通，翅膀呈暗褐色。幼虫在蜂巢中挖掘细小的通道，以蜂蜡和蜜蜂的剩余食物为食。它们的这种行为将瓦解蜂巢，而一旦巢房遭到破坏，蜜蜂幼虫的生存也就受到威胁。大蜡螟的幼虫聚集在蜂巢上吐丝作茧，强迫蜜蜂抛弃蜂巢。

## 油榄巢蛾
*Prays oleellus*

| 目 | 鳞翅目 |
|---|---|
| 科 | 巢蛾科 |
| 体长 | 1~1.5厘米 |
| 分布 | 地中海地区 |

油榄巢蛾分布于地中海地区（橄榄的原产地），其幼虫以橄榄的树叶、花朵和果实为食，使橄榄园的产量骤减。成虫的前翅呈灰色，有银色金属光泽，伴有暗黑色斑点，边缘不清，形状各异；后翅呈浅灰色，后边缘呈流苏状。幼虫呈绿色、黄色或浅褐色，在橄榄树上完成整个发育过程。

同科的物种还有苹果巢蛾（Hyponomeuta padellus）。

## 苹果蠹蛾
### *Carpocapsa pomonella*

**目**：鳞翅目
**科**：卷蛾科
**体长**：1.5~4厘米
**分布**：全世界

苹果蠹蛾会给水果种植业带来巨大损害，它是一种灰白色小型蛾类，在苹果上产卵，幼虫在苹果中挖隧道，并以苹果为食，直至生长发育结束，会破坏果实，导致果实脱落。幼虫从苹果中爬出，转移到枝干中化蛹。苹果蠹蛾可以成熟幼虫的形态度过冬天，因此每年可繁殖3代。

十分相近的物种有梨小食心虫（Laspeyresia molesta）、葡萄果蠹蛾（Clysia ambiguella）。危害栎树的是栎绿卷蛾（Tortrix viridana）。

## 麦蛾
### *Sitotroga cerealella*

**目**：鳞翅目
**科**：麦蛾科
**体长**：1~1.5厘米
**分布**：全世界

麦蛾于春季在种植谷物的农田中交配，之后雌蛾在麦穗幼芽上产卵，幼虫钻入麦粒，在麦粒中完成整个发育过程。虽然每只幼虫只摧毁一颗麦粒，但每只雌蛾最多可产200颗卵，这使得麦蛾对谷物的破坏程度成倍增加。

谷蛾（Tinea granella）也是分布在全世界的物种，会给小麦生产带来重大损失。对马铃薯、番茄和茄子种植生产有害的是马铃薯块茎蛾（Phthorimaea operculella）。

## 杨大透翅蛾
### *Aegeria apiformis*

**目**：鳞翅目
**科**：透翅蛾科
**体长**：3~4厘米
**分布**：亚欧大陆、西伯利亚、北美洲

杨大透翅蛾的身体、翅膀的构造，以及黄黑相间的体色都与马蜂十分相像，很容易与之混淆。杨大透翅蛾在5~7月阳光充足的日子里飞行，尤其在早晨和晚间；它喜欢河边的杨树，幼虫就在杨树上生长发育。幼虫第一年生活在树皮下，第二年会转移到树干和根部，发育完成后重新回到树皮下化蛹。

相近的属有果透翅蛾属（Cenopia）和准透翅蛾属（Paranthrene）。

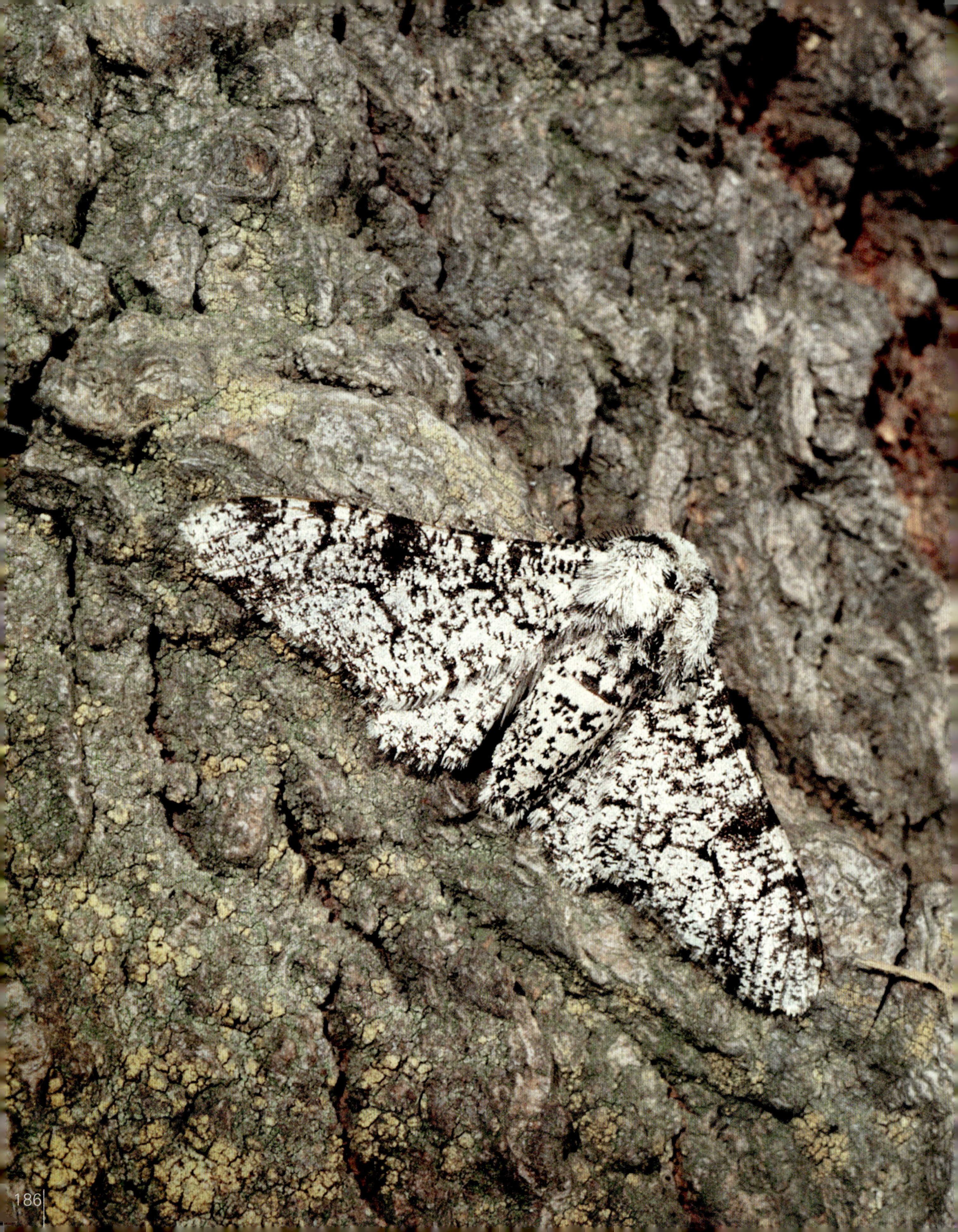

## 桦尺蛾
*Biston betularia*

**目**：鳞翅目
**科**：尺蛾科
**体长**：3~6厘米
**分布**：欧洲中北部

桦尺蛾因"工业黑化现象"的研究而闻名世界。在欧洲北部，这种蛾类分为两种不同的类型，一种是浅色型，另一种是深色型。过去，浅色型的数量很多，但在工业革命之后，深色型的数量激增。这是因为工业污染使桦树树干原本的暗白色变为深色，因此深色型桦尺蛾可以更好地模仿桦树的颜色，不易被天敌发现。成虫于5~7月破蛹飞出，在桦树的树枝和树干上产卵。幼虫奇特的运动方式造就了"尺蛾科"的命名：幼虫仅有两对伪足，一对在身体前端，另一对在身体后端，如需向前移动，就要将后伪足移动到前伪足处，同时将身体拱成弧形；之后身体前伸，将前伪足向前挪动，然后后伪足移动，再次拱成弧形。这就像测量员在"丈量"所走过的地方一样。

## 醋栗尺蛾
*Abraxas grossulariata*

**目**：鳞翅目
**科**：尺蛾科
**体长**：3.5~4厘米
**分布**：亚欧大陆

醋栗尺蛾分布于亚欧大陆，为夜行性蛾类，生活在花园、公园和树林中，可在6~8月观察到成虫，身体呈白色，伴有大量黑色和浅黄色斑点。幼虫与成虫的颜色相同，生活在多种蔷薇科植物（如黑醋栗、醋栗、李树、桃树）上，也可见于榛子树和柳树；以蛰伏的形式度过冬天，之后化蛹，在第二年春天发育为成虫。

同属的物种还有金星尺蛾（*Abraxas pantaria*）。

## 佛罗伦萨尺蛾
*Nyssia florentina*

**目**：鳞翅目
**科**：尺蛾科
**体长**：2.5~3厘米
**分布**：意大利

佛罗伦萨尺蛾是意大利特有的一种蛾类，雌雄蛾的外表差异极大，雄蛾有翅膀，雌蛾的翅膀很短。成虫的体色会模拟周边的环境，色调在白色、褐色、灰色之间。幼虫于春季破壳，以豆类饲料（如三叶草）为食，每年仅繁殖一代；秋季幼虫化蛹，并以蛹的形态越冬，在第二年2月破蛹成熟，随时准备交配。

家庭泥尺蛾（*Celonoptera mirificaria*）也是意大利的典型物种，较为罕见，成虫的前翅较大，呈三角形；后翅较小，呈淡绿色。

## 蝶青尺蛾
*Geometra papilionaria*

**目**：鳞翅目
**科**：尺蛾科
**体长**：4.5~5厘米
**分布**：亚欧大陆中北部、小亚细亚半岛、日本

蝶青尺蛾是尺蛾科中最惹人注目的物种之一，生活在许多阔叶树上，如桦树、山毛榉、桤木、柳树和椴树。幼虫具有拟态外表：秋季和冬季蛰伏时，呈褐色；春季树木发芽时呈绿色。成虫呈翠绿色，隐藏在树叶中，随着时间的推移，体色会逐渐褪色。蝶青尺蛾为夜行性蛾类，于6~8月飞行，幼虫在8~9月破壳。

## 落叶松尺蛾
*Erannis defoliaria*

**目**：鳞翅目
**科**：尺蛾科
**体长**：4~4.5厘米
**分布**：亚欧大陆、非洲、北美洲

落叶松尺蛾为夜行性蛾类，其幼虫能够让整棵树的树叶完全掉落，破坏力极强，它也因此而得名。雄蛾有翅膀，呈浅褐色，伴有褐色斑点，在树冠附近飞行；雌蛾无翅膀，沿树干爬行。雌雄蛾在秋末交配，受精卵以休眠状态越冬，幼虫在第二年春季破壳。幼虫极其贪婪，会吞食阔叶树、灌木和果树的树叶。

聚 焦

# 惊艳的蜕变

## 从毛虫到蝴蝶

从不起眼的毛虫到华丽的蝴蝶，这一蜕变是最吸引观察者和研究人员的自然现象之一。幼虫的体态尚未定型，外表也不显眼，不具备飞行能力，但能将自己封闭在蛹中，看起来像死亡了，却在某一天突然"重生"，破蛹羽化，以最优雅的姿态重新出现在世人面前，这不得不说是大自然的奇迹。

## 尺蛾的步伐

尺蛾科幼虫的奇特运动方式闻名天下，这也是"尺蛾"名字的由来——看起来就像是测量员在"丈量"所走过的地方。右图是幼虫的行走模式示意图（自上而下）：（1）身体伸展；（2）将身体拱成弧形；（3）将后伪足移动到前伪足处；（4）身体前伸，前伪足向前挪动，回到原先的姿势。重复这一系列动作，幼虫就实现了行走。

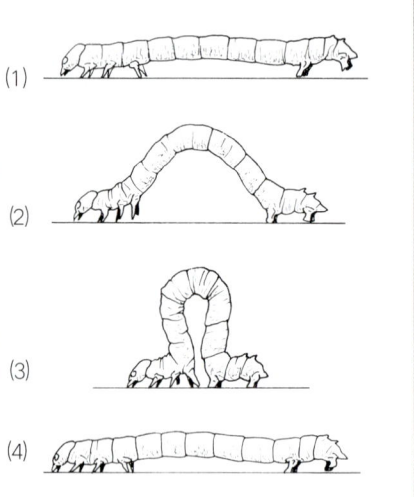

## 幼虫，难以满足的吞食者

鳞翅目昆虫幼虫的体型和颜色各异，但有一个共同点：身体呈圆柱形，胸部有3对附肢（伪足），腹部有2对附肢（伪足），附肢较小，但利于移动。幼虫的身体多呈彩色，但与成虫的体色毫无关系。幼虫的体色一般是用来恐吓潜在的敌人的，或者用来模拟所处的环境。另外，幼虫体表有硬毛，有时硬毛与分泌腺连接，可附有刺激性液体。一般来说，幼虫以植物为食，但有些物种也猎食其他昆虫，在这两种情况下，幼虫都拥有咀嚼式口器。幼虫的头部除有一对小触角和退化的眼睛外，还有许多腺体，其中最重要的就是幼虫用来吐丝织茧的腺体。幼虫在茧和蛹中完成最后的发育过程。幼虫都是难以满足的吞食者，发育过程中体型会大幅度地增长，因此需要多次蜕皮。

## 幼虫和成虫长得像吗？

**黄凤蝶**
黄凤蝶幼虫有着警告敌人不要触碰它的体色。如果受到打扰，它会分泌一种穿透力很强的奇臭液体。成虫的外表无警戒色。

**蚕蛾**
蚕蛾幼虫与成虫只有一个相同点：身体呈白色。

**柳紫闪蛱蝶**
从外表来看，柳紫闪蛱蝶的幼虫与成虫似乎完全不属于同一个物种，如此之大的差别吸引着众多自然科学家。

**荨麻蛱蝶**
荨麻蛱蝶的变态发育堪称奇迹。谁能想象左图中不起眼的毛虫竟能变成右图中美丽的蝴蝶？

## 蜕变："衣服"的尺寸变了

一般来说，刚出生的幼虫体型很小。幼虫的表皮无法延展，随着身体不断长大，表皮就会变得太紧、太短。因此，从出生到发育成熟，幼虫要多次换掉老旧的表皮，换上更宽松的新表皮。这种现象称为蜕皮，根据物种的不同，一只幼虫可能经历2~10次蜕皮过程。蜕皮时，老旧的表皮开始脱离，新表皮开始形成，为了脱下旧"皮肤"，幼虫必须完成相当准确的动作：首先，幼虫固定新表皮；在新旧两层表皮之间吸入大量空气，使内部的压力增加；然后，用力扭曲身体，撕破旧表皮；最后，挣脱束缚，获得新的自由。

## 蛹：幼虫时代的结束

幼虫完成所有的蜕皮后，已经明显长大许多，这时停止进食，开始寻找合适的地点完成幼虫最后一个重要的变化——化蛹。大部分物种的化蛹都是在一个由幼虫分泌的丝形成的茧中完成的，茧完全包裹幼虫；也有很多物种的蛹无茧。在这一阶段，蛹几乎不动，部分物种能稍微动几下，但一般根本不会动。蛹在茧中发生着器官的深刻变化，如果仔细观察，就会发现它与幼虫大不相同，头部、胸部和腹部更像成虫。

## 羽化成蝶

羽化是蛾蝶类挣脱茧的束缚，变为成虫必须经历的过程。不同物种的蛹变黑的时间不尽相同，变黑意味着蛹正在成熟。再经过较短的一段时间，蛹羽化。每种蛾蝶类都有相对准确的羽化时间，不仅与季节有关，还与每天的特定时段有关。日行性物种一般在早晨羽化，而夜行性物种则在下午或晚间羽化。蛾蝶类挣破蛹的表皮，将头部伸出，之后用口部吸入大量气体，步足协助，用力扭曲身体，直至完全挣脱。羽化的过程会消耗大量能量，此时的蛾蝶类筋疲力尽，在蛹壳上或附近长时间休息停留，其皱缩而未定型的翅膀还没能展示绚丽的图案，看起来像一个畸形的怪物。蛾蝶类将空气和体液推进翅脉中，渐渐地，翅膀变干、舒展，一段时间（几分钟甚至几小时）后，蛾蝶物种终于完成发育的最后一个阶段，达到最终形态，蜕变成世界上最美丽的昆虫之一。

## 芜菁夜蛾
*Agrotis segetum*

| 目 | 鳞翅目 |
|---|---|
| 科 | 夜蛾科 |
| 体长 | 2.7~4厘米 |
| 分布 | 欧洲、亚洲、非洲、北美洲 |

芜菁夜蛾在欧洲、亚洲（除西伯利亚外）、非洲和北美洲较为常见，可在农田和花园中观察到它，它会在夜间寻找花朵食用。芜菁夜蛾的前翅呈浅褐色，伴有颜色更深的斑点和图案；后翅呈白色，伴有褐色装饰。雌蛾在菜园和种植园的藜类植物上产下几百颗卵，幼虫孵化后，白天钻入地下，蚕食植物根部；夜晚爬出地面，蚕食植物叶片。芜菁夜蛾为农业害虫，喜食甜菜、玉米、向日葵和豆类，给农业生产带来损失。芜菁夜蛾一般每年只繁殖一代，幼虫蛰伏过冬，在第二年6月变为成虫。

相近的物种有鬼脸天蛾（Agrotis ipsilon）和警纹地夜蛾（Agrotis exclamationis）。

## 缟裳夜蛾
*Catocala fraxini*

| 目 | 鳞翅目 |
|---|---|
| 科 | 夜蛾科 |
| 体长 | 7.5~9.5厘米 |
| 分布 | 古北区、北美洲 |

缟裳夜蛾分布于古北区和北美洲，是欧洲体型最大的鳞翅目昆虫之一，在意大利境内相当常见，可在7月末至10月中旬晚间的树林和河边观察到它。它的前翅颜色多变，从白色到褐色，伴有方形回纹图案，颜色深浅不一；后翅呈褐色，边缘伴有天蓝色带和浅色齿形边饰。雌蛾于秋季产卵，幼虫过冬后于第二年春季变为成虫，以树叶为食，尤喜白蜡树和杨树，桦树和栎树次之。

相近的物种有裳夜蛾（Catocala convessa）和杨裳夜蛾（Catocala nupta），它们的成虫喜欢河岸和湖岸的树林，主要以杨树、栎树和柳树等的树叶为食。

## 强喙夜蛾
*Thysania agrippina*

| 目 | 鳞翅目 |
|---|---|
| 科 | 夜蛾科 |
| 体长 | 25~30厘米 |
| 分布 | 南美洲 |

强喙夜蛾分布于南美洲，尤其是巴西，是目前已知体型最大的蛾类之一。它的外表并不显眼，翅膀的上表面有大理石花纹，伴有褐色和赭石色的装饰，以模拟其生存的森林环境；翅膀的下表面则呈亮蓝色，伴有白色斑点。幼虫的身体呈淡绿色，以豆科和苏木科植物为食。强喙夜蛾为夜行性蛾类。

### 于是就有了鲜艳的颜色！

欧洲的夜蛾科昆虫中，最绚丽、最古怪的要数裳夜蛾属（Catocala）蛾类了。它们外表多变，能够完美地模仿所栖居的树干和岩石，然而这并不意味着它们能逃脱捕食者的眼睛。裳夜蛾的睡眠很浅，一旦感知危险，它们就突然起飞，同时将第二对色彩鲜艳的翅膀打开，根据物种的不同，第二对翅膀的颜色可以是红色、黄色或天蓝色。突然出现的艳丽颜色在黑夜中能够暂时迷惑敌人，为裳夜蛾迅速逃跑争取了时间。"裳夜蛾"的名字就源于这种隐藏鲜艳翅膀的特点，其拉丁语学名"catocala"源于希腊语，意为"下面很美"。

### 甘蓝夜蛾
*Barathra brassicae*

**目：** 鳞翅目
**科：** 夜蛾科
**体长：** 3.7~4.5厘米
**分布：** 亚欧大陆

甘蓝夜蛾分布于亚欧大陆，生活在十字花科野生植物或作物上，常见于菜园和花园中，可造成巨大损失。成虫的颜色暗淡，身体呈灰褐色，伴有大理石花纹。甘蓝夜蛾每年可繁殖3代，成虫分别出现于4月、6月和9月。最后一代的幼虫以蛹的形式度过冬天，并于第二年春季羽化。和其他夜蛾科的成员一样，甘蓝夜蛾也是夜行性蛾类。

### 金翅夜蛾
*Plusia gamma*

**目：** 鳞翅目
**科：** 夜蛾科
**体长：** 3.5~4厘米
**分布：** 古北区、北美洲

金翅夜蛾是一种迁徙蛾类，常见于古北区和北美洲。翅膀的上表面有金色或银色斑点，同时有一个希腊字母"γ"形的白色图案，其拉丁语学名中的"gamma"即因此而来；后翅呈浅褐色。成虫可见于4~11月的草地、农田和花园中。夏季，南方和东南方的金翅夜蛾迁徙到北方，导致北方的金翅夜蛾数量上升。幼虫在多种草本植物（向日葵、白菜、豌豆和三叶草）上生长发育。如果幼虫的数量巨大，则会对农业生产造成损失。

### 黑带黄夜蛾
*Noctua pronuba*

**目：** 鳞翅目
**科：** 夜蛾科
**体长：** 4.5~5.5厘米
**分布：** 亚欧大陆中部、非洲北部

黑带黄夜蛾分布于亚欧大陆中部（除最北部地区外）和非洲北部，常见于公园和花园中。这是一种优雅的夜行性蛾类，第一对翅膀呈杂色，多呈褐色；第二对翅膀呈黄色，边缘有一条棕色的色带。成虫出现在6月，幼虫以迎春、紫罗兰和其他野生或培育的禾本科植物的叶片为食，也会为害葡萄树。幼虫蛰伏越冬后，于第二年春天重新开始活动。

相近的物种有模夜蛾（Noctua fimbriata），同样对葡萄树有害，分布于欧洲高加索地区和非洲北部。

191

### 非凡的逃避者

阿波罗绢蝶移动缓慢，不善飞行。除此之外，这种蝴蝶还尽量减少飞行，大部分的时间都用来晒太阳、在地上休息或吮吸花蜜。雌蝶可保护自己免受不知趣的雄蝶的打扰：在交配后，雌蝶的腹部分化出一个角质小囊，目的就是避免之后雄蝶的"勾引"。

## 阿波罗绢蝶
*Parnassius apollo*

| 目 | 鳞翅目 |
|---|---|
| 科 | 凤蝶科 |
| 体长 | 6~7.5厘米 |
| 分布 | 亚欧大陆 |

阿波罗绢蝶分布于亚欧大陆，在意大利境内常见于整个阿尔卑斯山区和部分亚平宁山区，生活在草原和山地牧场，飞行沉重而缓慢，多在蓟上停留休息。成虫的外表十分容易识别，前后翅均呈白色，前翅上有5个黑色斑点，后翅上有2个红色斑点，斑点有黑色的边缘。每年仅繁殖一代，成虫在4~7月羽化（根据海拔的不同有所区别，海拔越高，羽化时间越晚）。雌性在多种景天科（尤其是景天属）植物上产卵，幼虫在这些植物上成长，身体呈黑色，多毛，伴有红色小点。临近冬季时，幼虫暂停所有活动进入冬眠状态，第二年春季重新开始活动，在夏季开始前发育成熟。

同属的物种还有福布绢蝶（Parnassius phoebus），与阿波罗绢蝶类似，觅梦绢蝶（Parnassius mnemosyne），体型较小。

## 金凤蝶
*Papilio machaon*

| 目 | 鳞翅目 |
|---|---|
| 科 | 凤蝶科 |
| 体长 | 5~7.5厘米 |
| 分布 | 亚欧大陆（温带地区）、北美洲 |

金凤蝶分布于整个欧洲（除北部地区外）、亚洲的温带地区和北美洲，在平原和山地的草地、牧场，以及任何伞形科植物生长的地方均能观察到它的踪影，它在阿尔卑斯山区的分布区域可到达海拔2000米。金凤蝶的外表引入注目，翅膀呈鲜黄色，边缘有黑色和天蓝色的条带及大量黑色小斑点；后翅有绣花边饰，具有特征性的红色斑点。幼虫同样惹眼，身体上分布着黄绿色和黑色相间的环状图案，伴有橘色斑点。

成虫于初春羽化，在花丛中飞舞觅食后进行交配，之后雌蝶产卵。一般来说，金凤蝶每年繁殖两代，第一代出现在4~5月，第二代出现在7~8月。但在南方，会在9~10月出现第三代。

## 旖凤蝶
*Iphiclides podalirius*

| 目 | 鳞翅目 |
|---|---|
| 科 | 凤蝶科 |
| 体长 | 5~8厘米 |
| 分布 | 欧洲、小亚细亚半岛、跨高加索地区、中国 |

旖凤蝶分布于纬度不超过51°的欧洲、小亚细亚半岛、跨高加索地区和中国，在意大利境内十分常见，可在花园、果园、稀疏的矮树丛中及丘陵碱地的向阳坡上见到它。旖凤蝶的身体呈淡黄色，有横向黑色条纹，边缘呈黑色和天蓝色；与金凤蝶一样，后翅带有延长翅，但要比金凤蝶的长很多。

5月至7月初为旖凤蝶的活跃期，还可在7~8月繁殖第二代。雌蝶在蔷薇科枯物的枝叶上产卵；幼虫在荆棘、山楂和果树上生长发育，在冬季前化蛹，并以此形态度过最冷的几个月，之后于第二年春季羽化成蝶。

## 黑带金凤蝶
*Papilio alexanor*

| 目 | 鳞翅目 |
|---|---|
| 科 | 凤蝶科 |
| 体长 | 6.2~7厘米 |
| 分布 | 意大利、法国（普罗旺斯）、达尔马提亚至阿富汗 |

在意大利黑带金凤蝶仅在部分地区有少量分布，受到严格的保护。它喜欢低于海拔1200米的山地环境，常见于干燥碱地的向阳坡上。黑带金凤蝶的外观与金凤蝶相似，但翅膀上有几乎纵向平行的黑条纹；另外，体型更小，黄色的色调更深。幼虫通体有黑色的条带，中间被橘色斑点打断。成虫在4~7月羽化，幼虫以多种伞形科植物为食，以蛹的形态越冬。

## 锯凤蝶
*Zerynthia hypsipyle*

| 目 | 鳞翅目 |
|---|---|
| 科 | 凤蝶科 |
| 体长 | 4.5~6厘米 |
| 分布 | 欧洲、小亚细亚半岛、跨高加索地区、中国 |

锯凤蝶全境（除撒丁岛和厄尔巴岛外）均有分布，在潮湿炎热的地区较为罕见，为地方性物种，生活在低于海拔1000米的环境中，喜食马兜铃属（Aristolochia）植物。翅膀呈黄色，它的翅脉和横向色带呈黑色，后翅还有红色斑点及蓝色小斑。锯凤蝶每年仅繁殖一代，幼虫以蛹的形式越冬，并于第二年早春羽化。

相近的物种有红星花凤蝶（Zerynthia rumina），分布于非洲北部、伊比利亚半岛和法国南部。

## 鸟翼凤蝶属
*Ornithoptera*

| 目 | 鳞翅目 |
|---|---|
| 科 | 凤蝶科 |
| 体长 | 20~30厘米 |
| 分布 | 印度-马来西亚地区 |

鸟翼凤蝶属的成员中有许多都是世界上外表最漂亮、体型最大的蝴蝶，被大量用于蝶类收藏，因此虽然受到严格的保护，但某些物种还是有濒临灭绝的危险。鸟翼凤蝶属昆虫分布于印度-马来西亚地区，因其体型巨大、花纹优雅而闻名于世。雄蝶的翅膀颜色鲜艳，呈翠绿色；雌蝶相反，颜色较为苍白。最壮观的物种有绿鸟翼凤蝶（Ornithoptera priamus），还有钩尾鸟翼凤蝶（Ornithoptera paradisea）——唯一具有燕尾形后翅的蝴蝶。

193

# 大孔雀蛾
*Saturnia pyri*

| 目 | 鳞翅目 |
|---|---|
| 科 | 天蚕蛾科 |
| 体长 | 10~16厘米 |
| 分布 | 欧洲中南部、小亚细亚半岛、中东地区 |

大孔雀蛾分布于欧洲中南部、小亚细亚半岛和中东地区，是欧洲最大的蛾类之一。自5月起，可在夜间的葡萄园、果园和公园中见到大孔雀蛾。

它的翅膀呈棕红色，布满大理石花纹，每只翅膀上都有一个圆形大斑点，形似眼睛。

雄蛾在黄昏时分在树林中或草地上寻找慵懒的雌蛾。雌蛾从不远离自己出生的植物，只有在交配后才飞到树木（梨树、苹果树、白蜡树）上产卵。幼虫数量很多，刚出生时呈淡黄色，之后变为绿色，身上的突起呈淡蓝色。幼虫吞食植物的树叶和嫩芽，食量大，体型较大，可达12厘米。

# 皇蛾
*Saturnia pavonia*

| 目 | 鳞翅目 |
|---|---|
| 科 | 天蚕蛾科 |
| 体长 | 5~8厘米 |
| 分布 | 欧洲、非洲北部、亚洲中北部 |

皇蛾分布于欧洲、非洲北部和亚洲中北部；在意大利境内，4月起可观察到它，主要生活在平原、山地的树林间或树林外围，不超过海拔2000米的地方。雄蛾与雌蛾的外表差异巨大，雄蛾具梳状触角，前翅呈明亮的橘褐色；雌蛾的前翅呈灰色，雌雄蛾的翅膀均具有特征性的"眼睛"。

雄蛾可在白天快速飞行，但雌蛾仅在夜间活动。幼虫呈黑色，有聚居习性，随着生长发育，体色变为绿色，在树上分散行动。它栖居的植物有李树、柳树、桦树、玫瑰和山莓。

# 乌柏大蚕蛾
*Attacus atlas*

| 目 | 鳞翅目 |
|---|---|
| 科 | 天蚕蛾科 |
| 高度 | 26~30厘米 |
| 分布 | 菲律宾、泰国、马来西亚 |

乌柏大蚕蛾分布于亚洲热带地区（菲律宾、泰国、马来西亚），为夜行性蛾类，生活在森林环境中。乌柏大蚕蛾又称蛇头蛾，是世界上最大的蛾类之一，翅膀的颜色和图案让人联想到眼镜蛇，呈浅红褐色。

成虫的生命很短，只有几天，在这几天里它并不进食，而是专心交配（可持续一整天）和产卵。乌柏大蚕蛾仅依靠幼虫时期在身体中储备的营养维持生命。刚从茧中出来的雌蛾不会马上离开茧，而是抓紧茧，等待受其强烈信息素吸引而来的雄蛾。每只雌蛾可以产下多至200颗卵。幼虫呈白色，身上竖立着毛刺，以多种热带雨林中的植物为食，约一个半月后，幼虫化蛹，之后破蛹发育为成虫。

# 绿尾大蚕蛾
*Actias selene*

| 目 | 鳞翅目 |
|---|---|
| 科 | 天蚕蛾科 |
| 体长 | 15~16厘米 |
| 分布 | 亚洲热带地区 |

绿尾大蚕蛾是亚洲热带地区的典型物种，是最美丽的夜行性蛾类之一。它的翅膀呈浅绿色，后翅有优雅的"尾巴"，前后翅上都有天蚕蛾科典型的"眼睛"。幼虫诞生时呈红色，之后变为鲜绿色，每个体节上都有一对结节和毛刺，以热带雨林中的多种植物为食。由于生活在炎热的环境中，绿尾大蚕蛾的交配和产卵是全年无休的。

# 丁目大蚕蛾
*Aglia tau*

| 目 | 鳞翅目 |
|---|---|
| 科 | 天蚕蛾科 |
| 体长 | 5~6.5厘米 |
| 分布 | 欧洲中部 |

丁目大蚕蛾分布于欧洲中部，其学名中的"tau"源自它翅膀上形似希腊字母"τ"的白色图案。丁目大蚕蛾常见于阔叶林中，也可见于山地环境中。成虫在3月底至5月飞行。雄蛾比雌蛾体型小，颜色更深，呈黄褐色。幼虫呈绿色，多在山毛榉和桦树上生长发育，也可见于椴树、胶栲木和栎树上。

## 水绢绸

乌柏大蚕蛾的幼虫在化蛹前，会用口部附近的特殊分泌腺的分泌物编织茧，直至将自己完全包裹，茧质地坚硬，保护周全。在乌柏大蚕蛾生活的地区，人们使用这些茧制造著名的"水绢绸"。

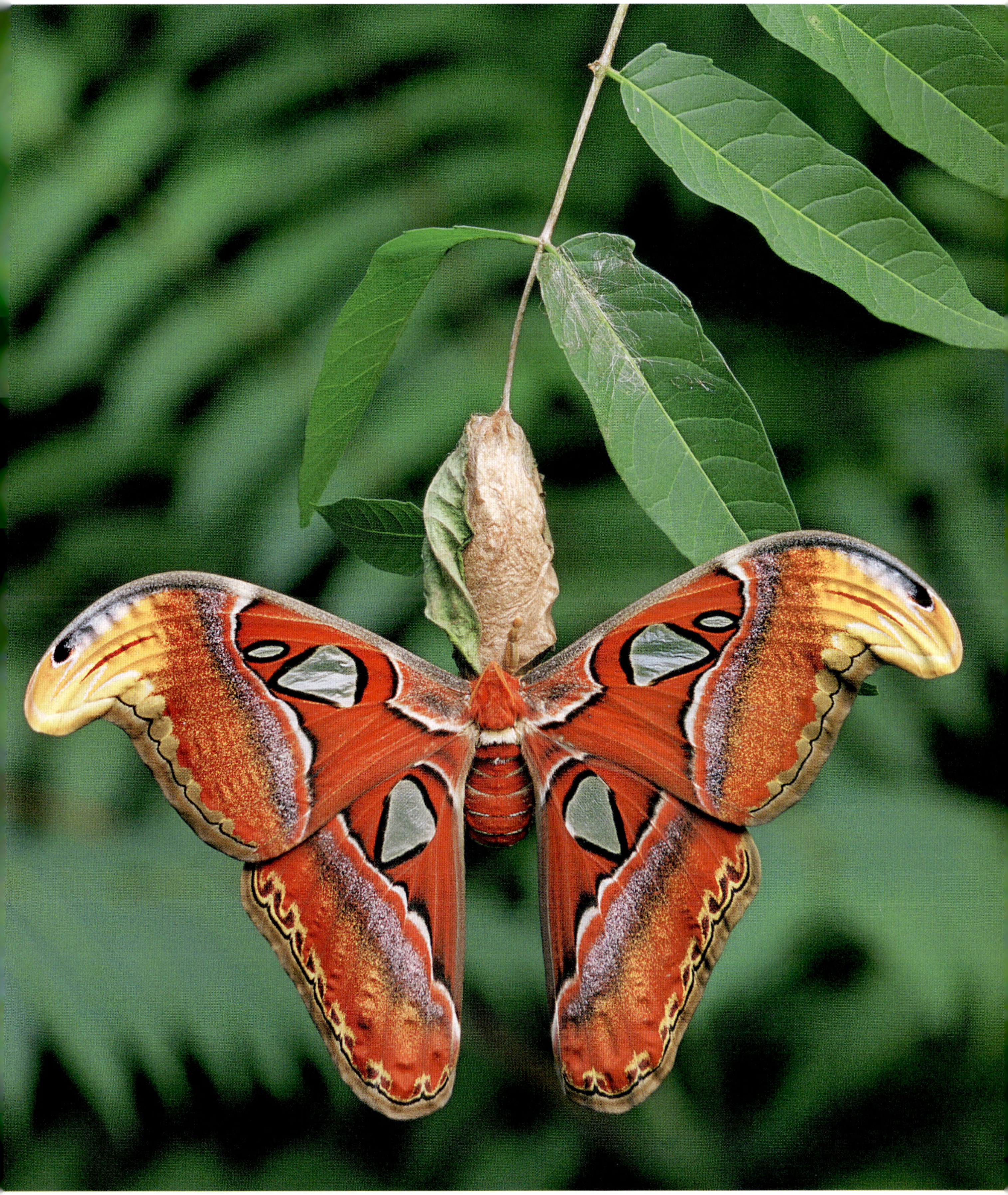

乌桕大蚕蛾的特写。这种鳞翅目昆虫比较容易在柑橘树上饲养。

197

## 骷髅天蛾
*Acherontia atropos*

| 目: 鳞翅目 |
| 科: 天蛾科 |
| 体长: 8~12厘米 |
| 分布: 非洲 |

骷髅天蛾是夜行性蛾类，夏初时从非洲热带地区向欧洲、跨高加索地区和伊朗迁徙，在意大利十分常见。骷髅天蛾的胸部有骷髅的图案，由此而得名。雌蛾在马铃薯和其他茄科植物的叶子上产卵。幼虫于秋季完成发育，在地下挖掘出宽敞的"房间"并在其中化蛹，难以在冬季存活。在飞行时，骷髅天蛾会发出一种尖锐的哀鸣声。

## 松天蛾
*Hyloicus pinastri*

| 目: 鳞翅目 |
| 科: 天蛾科 |
| 体长: 6.5~8厘米 |
| 分布: 欧洲中南部、亚洲 |

松天蛾生活在松林、云杉林中，白天在树干上休息。它的灰褐色身体与树干表面类似，一般很难被发现。生活在城市附近的个体体色更深，因为城市的工业排放使附近树干的颜色更黑（工业黑化现象）。雌蛾或单独或集体在松针上产卵，幼虫以松针为食。幼虫呈绿色，发育成熟后化蛹，蛹附着在树干上。

## 夹竹桃天蛾
*Deilephila nerii*

| 目: 鳞翅目 |
| 科: 天蛾科 |
| 体长: 10~13厘米 |
| 分布: 非洲北部、中东地区、亚洲东部 |

夹竹桃天蛾分布于非洲北部、中东地区和亚洲东部，每年都会迁徙到欧洲，在意大利境内常见。这种蛾类因喜食夹竹桃的叶片而得名。它体型巨大，外表漂亮鲜艳，布满多彩的图案和斑点，颜色多为绿色和白色。夹竹桃天蛾是典型的夜行性蛾类，白天在植物或岩石上一动不动，太阳落山后开始在花丛中快速飞行并吸食花蜜。

同属的物种还有凤仙花红天蛾（*Deilephila elpenor*）。

这只幼虫注定会成为一只美丽的夹竹桃天蛾。在意大利，5~9月能够观察到它们。

## 椴天蛾
### Mimas tiliae

椴天蛾分布于欧洲、非洲北部和亚洲中北部，常见于椴树林两侧的小路、花园和公园中，在平原和山地均有分布，可于黄昏时分观察到它。不同椴天蛾个体的体型和颜色各有不同。

雌蛾喜欢椴树、白蜡树、桦树、胶桤木、栗子树和枫树，在这些树木最高处的叶片下表面产下大量的受精卵。约两周后，幼虫出生，停留在树冠最高层生活，仅在秋季化蛹时才会进入土壤，并在地下过冬。

**目**：鳞翅目
**科**：天蛾科
**体长**：5.5~7厘米
**分布**：欧洲、非洲北部、亚洲中北部

## 甘薯天蛾
### Herse convolvuli

甘薯天蛾分布于亚欧大陆南部，前翅狭长，完全覆盖了后翅，前后翅均呈灰褐色，腹部有黑粉相间的条纹。甘薯天蛾在意大利境内十分常见，还可在城市中观察到它。甘薯天蛾的胸部肌肉发达，可使其翅膀快速振动，频率约为85次/秒，这样它就可以在飞行中进食。雌蛾产卵也是在飞行中进行的，不需要停在植物上。

成虫出现于6~9月，每年繁殖两代。幼虫在7~9月进食，寒冷季节来临时，就会在土中挖掘隧道，在其中化蛹越冬。

**目**：鳞翅目
**科**：天蛾科
**体长**：8~12厘米
**分布**：亚欧大陆南部

## 杨天蛾
### Amorpha populi

杨天蛾在意大利境内十分常见，身体呈浅灰色，伴有深色纹理。当杨天蛾在杨树树干上休息时，其外表有所不同，因为它将突出的后翅向前收起，被前翅覆盖一半。如果受到打扰，杨天蛾就迅速张开翅膀，露出后翅上的红色斑点，以威慑敌人。一般来说，杨天蛾每年繁殖两代，成虫于5~9月飞行；雌性在杨树叶的下表面产卵，幼虫以蛹的形式度过冬天。

**目**：鳞翅目
**科**：天蛾科
**体长**：8~12厘米
**分布**：亚欧大陆南部

## 小豆长喙天蛾
### Macroglossa stellatarum

小豆长喙天蛾又称蜂鸟鹰蛾，是迁徙性蛾类，5月时迁徙到欧洲中部和北部，是意大利最常见的天蛾之一。小豆长喙天蛾翅膀的振动频率奇快，可与蜂鸟比肩。可在白天观察到它"悬停"在多种花朵上，能够用长长的喙管采食花蜜。它的腹部布满紧密的黑白色绒毛，飞行时如扇子一样自如地伸展或收缩。它生活在多种草本植物上。

**目**：鳞翅目
**科**：天蛾科
**体长**：4~5厘米
**分布**：亚欧大陆、非洲和北美洲

199

大菜粉蝶的幼虫。顾名思义，这种蝶类喜食卷心菜。大菜粉蝶对菜农来说曾经是真正的灾难，如今它们在意大利境内的数量急剧下降，在某些地区已经完全消失了。

## 大菜粉蝶
*Pieris brassicae*

| 目 | 鳞翅目 |
|---|---|
| 科 | 粉蝶科 |
| 体长 | 4~6厘米 |
| 分布 | 古北区 |

大菜粉蝶分布于古北区，在意大利境内十分常见，生活在任何十字花科植物生长的地方，因此菜园中极多。生活在欧洲中部的个体每年繁殖2~3代，生活在南部的甚至可繁殖5代。大菜粉蝶的翅膀呈暗白色，前翅端部有黑色条纹；雌蝶的前翅上则有两个圆形黑色斑点。雌蝶在多种蔬菜（卷心菜、花椰菜和萝卜）的叶子上产卵，幼虫出生后聚集在叶子上，并贪婪地吞食。化蛹前，幼虫会离开寄居的植物，躲避到隐蔽的地点。它是典型的聚居性昆虫，数量众多时，可对农作物造成不可挽回的损失。

以十字花科植物为食的昆虫还有橙尖粉蝶（Anthocharis cardamines）的幼虫。

## 芳香木蠹蛾
*Cossus cossus*

| 目 | 鳞翅目 |
|---|---|
| 科 | 木蠹蛾科 |
| 体长 | 6~8.2厘米 |
| 分布 | 古北区 |

芳香木蠹蛾分布于古北区，在意大利境内，可在6~9月的平原和不超过海拔1500米的山地中观察到它。成虫仅在夜间活动，白天紧紧地抓住树皮不动；飞行笨拙缓慢，喜欢栖居在阔叶植物或果树上。

雌蛾可在病树或濒死的树干裂缝中产下几百颗卵，以15~50颗为1组。幼虫在树干中挖掘隧道，长得越大，栖居的位置越往里；身体呈淡红色，有黑色条纹，体型粗壮，布满绒毛；发育成熟时，体长可达10厘米，可释放特殊气味。

相近的物种有梨豹蠹蛾（Zeuzera pyrina）。

## 灰蝶科
*Lycaenidae*

| 目 | 鳞翅目 |
|---|---|
| 科 | 灰蝶科 |
| 体长 | 3~5.5厘米 |
| 分布 | 全世界 |

灰蝶科昆虫遍布全世界，在意大利境内数量众多，因其天蓝色系的体表而闻名。幼虫的外表奇特，会分泌一种蚂蚁喜爱的物质。

幼虫不仅生活在蚁巢中，还生活在树上和灌木丛中，以其树叶为食。

大斑霾灰蝶（Lycaena arion）的雌蝶在百里香的树枝上产卵，幼虫一开始以百里香树叶为食，之后离开树枝，进入土壤。蚂蚁靠近它时，幼虫马上分泌糖类物质。蚂蚁十分喜欢这些物质，便将其带到蚁巢内，于是幼虫持续为蚂蚁提供糖液，并以蚂蚁的卵和幼虫为食。在6~7月，幼虫变为成虫，离开蚁巢。

## 钩粉蝶
*Gonepteryx rhamni*

| 目 | 鳞翅目 |
|---|---|
| 科 | 粉蝶科 |
| 体长 | 5~5.5厘米 |
| 分布 | 古北区 |

钩粉蝶是春季纷飞的蝶类之一，在意大利境内是每年首先出现的蝶类，其翅膀的优雅外形和艳丽的颜色足以吸引人们的眼球。雄蝶的翅膀呈鲜黄色，雌蝶则呈淡白色，伴有淡绿色反光。幼虫于6~7月在草莓、沙棘及相近种类的植物上生长发育。夏季成虫出现，活跃几日后便进入休眠状态，于秋季醒来，之后休眠越冬。

## 黄云斑蝶
*Colias crocea*

| 目 | 鳞翅目 |
|---|---|
| 科 | 粉蝶科 |
| 体长 | 3.5~5.2厘米 |
| 分布 | 地中海地区 |

黄云斑蝶原产于非洲北部和地中海地区，在4~5月迁徙到欧洲北部，常见于三叶草等植物的田地中，幼虫就是在这些植物上发育的。黄云斑蝶在夏季最多可繁殖3代，秋季多数成虫飞回南方越冬；留在北方的成虫和幼虫则不会活过冬季。黄云斑蝶外表雅致，呈橘色，十分容易识别。

同属的物种还有豆粉蝶（Colias hyale）。

## 天竺葵杀手

马丁字灰蝶（Cacyreus marshalli）是天竺葵（一般是天竺葵属的植物）最无情的杀手。马丁字灰蝶原产于非洲，于20世纪90年代进入欧洲，由于没有天敌，迅速蔓延扩张。成虫体型较小，呈灰褐色，在天竺葵上产卵。幼虫一出生就开始蚕食天竺葵，之后转移到茎部继续啃食。马丁字灰蝶的生命周期取决于气温的高低，最多每年可繁殖5~6代成虫。

## 李枯叶蛾
*Gastropacha quercifolia*

| | |
|---|---|
| 目 | 鳞翅目 |
| 科 | 枯叶蛾科 |
| 体长 | 2.5~5.5厘米 |
| 分布 | 欧洲、亚洲 |

李枯叶蛾体色多变，一般为黄褐色或红褐色。成虫在晚间活动频繁，在7月至8月底，在灌木、明亮的树林、荒野和公园中可以观察到它。白天它在树干或树枝上休息，前翅沿腹部展开，后翅向边缘伸展，看起来就像一片枯叶。幼虫在果树、榛子树和柳树上发育成熟后，在树皮的裂缝中或树枝的分叉处化蛹，蛹呈灰黑色，第二年春季完成变态发育。

## 家蚕
*Bombyx mori*

| | |
|---|---|
| 目 | 鳞翅目 |
| 科 | 家蚕蛾科 |
| 体长 | 3~4厘米 |
| 分布 | 全世界 |

家蚕原产于中国，后传至全世界，其幼虫十分有名，仅以桑树树叶为食，食性贪婪，昼夜不息。家蚕现在已经是被"驯化"的物种，人类选择了印度种野桑蚕（Theophila mandarina）加以饲养驯化。

化蛹时，家蚕从口部附近的4个开口分泌极细的蚕丝，与空气接触后变硬，之后环绕头部持续吐丝，多层蚕丝重叠形成蚕茧，仅由一根长约300~900米的蚕丝构成。如果人类没有收集蚕茧用于制作丝绸，幼虫可完成变态发育，变为成虫。成虫的身体呈淡白色，身体粗壮多毛，夜间在桑树叶上产卵。

## 栎列队蛾
*Thaumetopoea processionea*

| | |
|---|---|
| 目 | 鳞翅目 |
| 科 | 带蛾科 |
| 体长 | 25~35毫米 |
| 分布 | 欧洲中南部、小亚细亚半岛 |

栎列队蛾生活在栎树林中，6~8月可见成虫。雌蛾可产下大量的卵，用从腹部撕下的绒毛盖住受精卵，既能保暖又能保护卵不受捕食者的侵害。受精卵越冬后在第二年5月破壳。幼虫身上布满了突起，喜欢群居，生活在树枝上的大巢穴中；夜间外出，列队在树干上爬行，吞食树叶，会对树林造成巨大的破坏。

松异舟蛾（Thaumetopoea pityocampa）有着相似的习性，是破坏松树林的罪魁祸首。

## 丝绸的秘密

根据中国的传说，约在公元前2640年，皇后嫘祖开创了用家蚕生产丝绸的产业。当时，丝绸的生产是国家的最高机密，所有泄密者都难免死刑。随着与西方世界的贸易往来日渐频繁，制造这种珍稀纺织品的秘密逐渐被公开，养蚕业也逐渐为其他国家的人们所熟知。13世纪时，丝绸抵达意大利，并于18世纪末至19世纪30年代达到使用的顶峰。

203

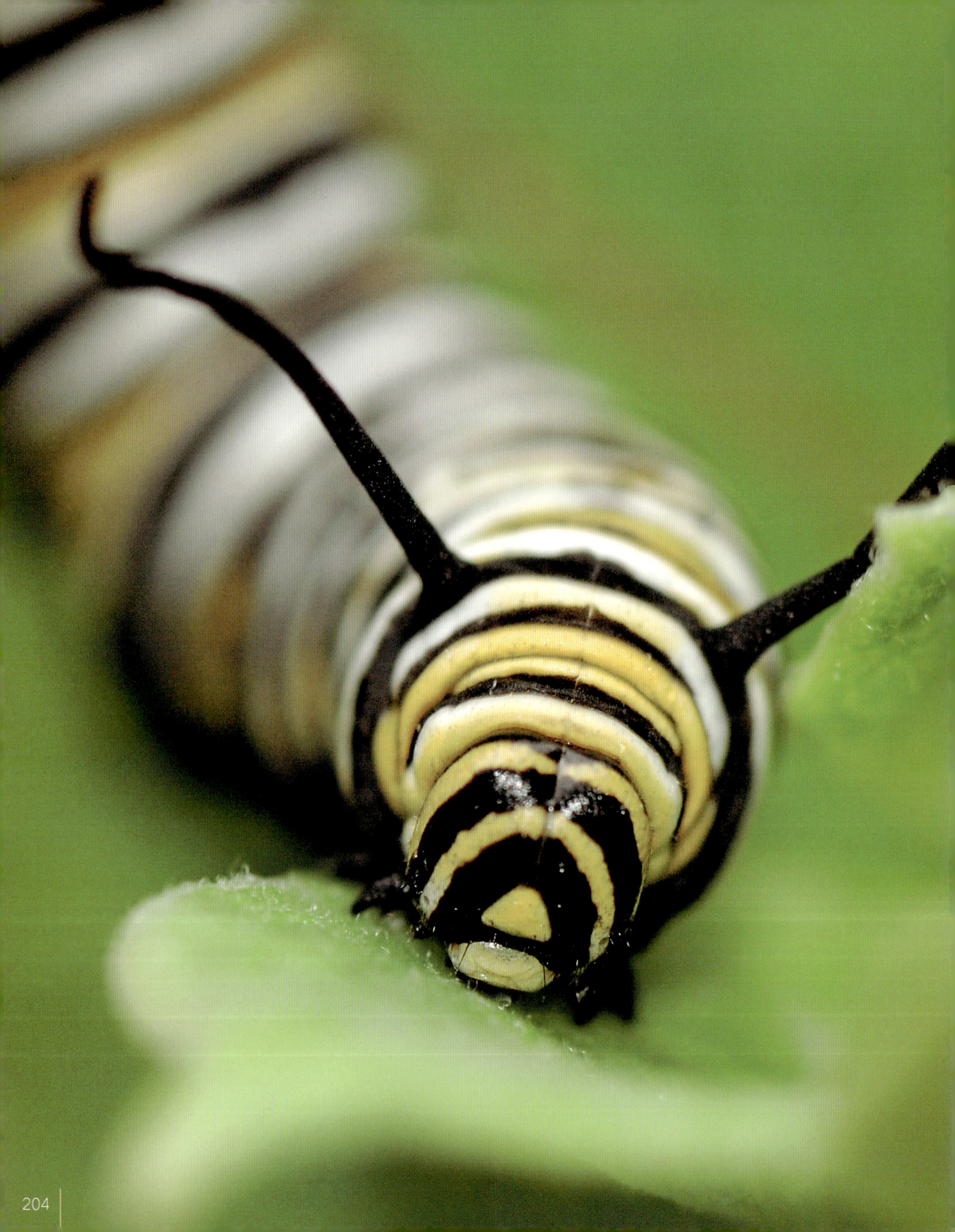

在这几页的图片中，我们可以看到许多五彩缤纷的毛虫。这些毛虫身上的刺激性绒毛和显眼的颜色都是为了向敌人发出警告。

205

# 双翅目

## 苍蝇、绿头蝇、蚊子：招人厌烦的昆虫

双翅目的成员一般都惹人厌烦，或者对人有害，如家蝇、绿头蝇、蚊子、白蛉虫等。它们从不受人类的欢迎，还是一些相当严重的疾病，如疟疾、昏睡症等的传播媒介。

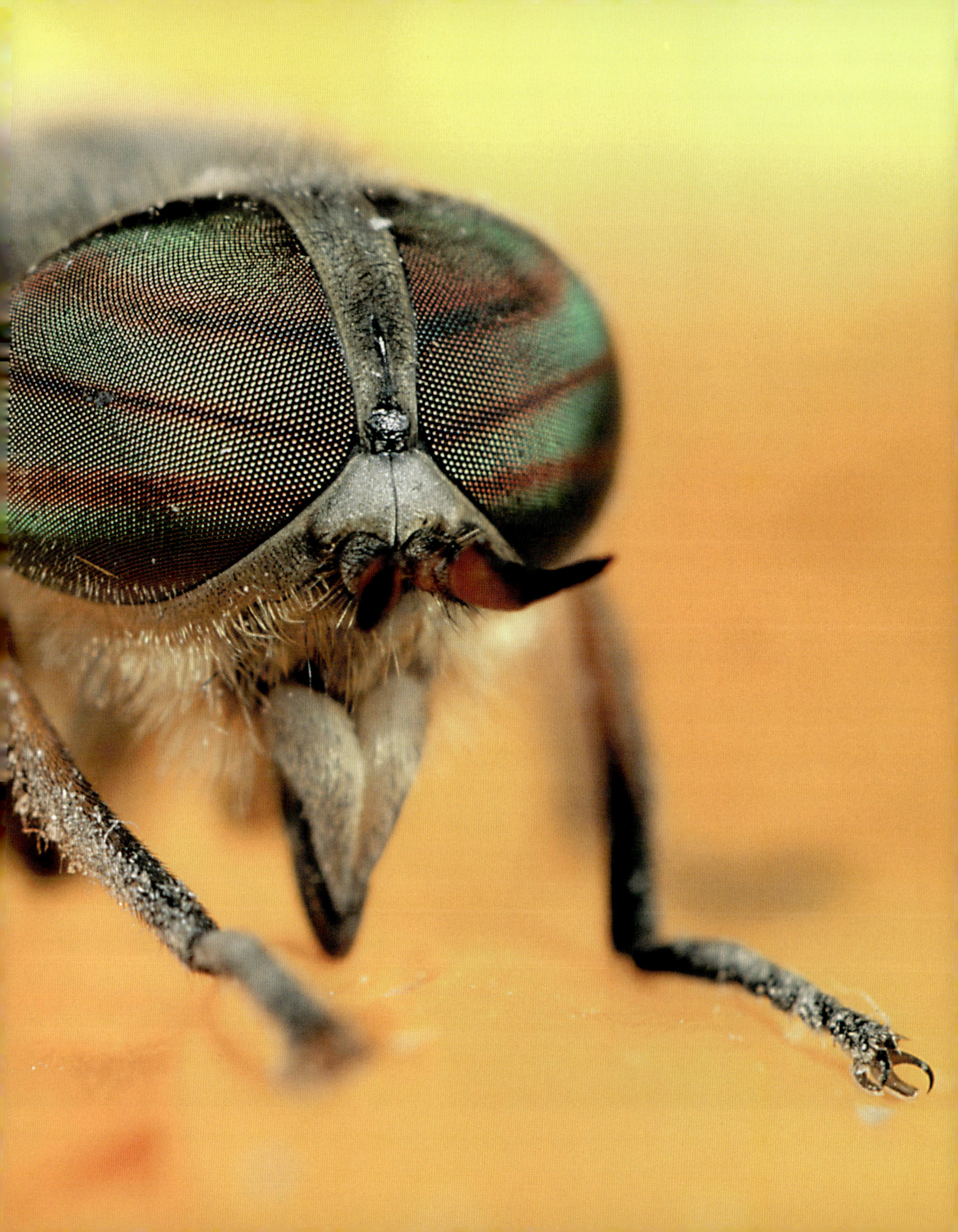

上页图片：家蝇；本页图片：白纹伊蚊

# 简介

　　双翅目的成员与其他昆虫的区别是它们的翅膀仅有一对，前翅用于飞行，后翅则分化成杆形器官，称为平衡杆，在飞行时协助保持身体平衡。它们的头部有两只大复眼和形状各异的触角。以血液为食的双翅目昆虫的口器由两部分构成，一部分用于刺破皮肤，另一部分则用于吮吸；不以血液为食的双翅目昆虫的口器则由吻管构成。它们的幼虫无翅、无眼，不同物种的幼虫可分别是陆生、水生或寄生性的。幼虫发育成熟后变成蛹，最后破蛹变为成虫。

蚋属（Simulium）昆虫有明显的水生习性：雌性在流水中产卵，幼虫利用腹部的钩状结构附着在岩石或沼泽草类上。

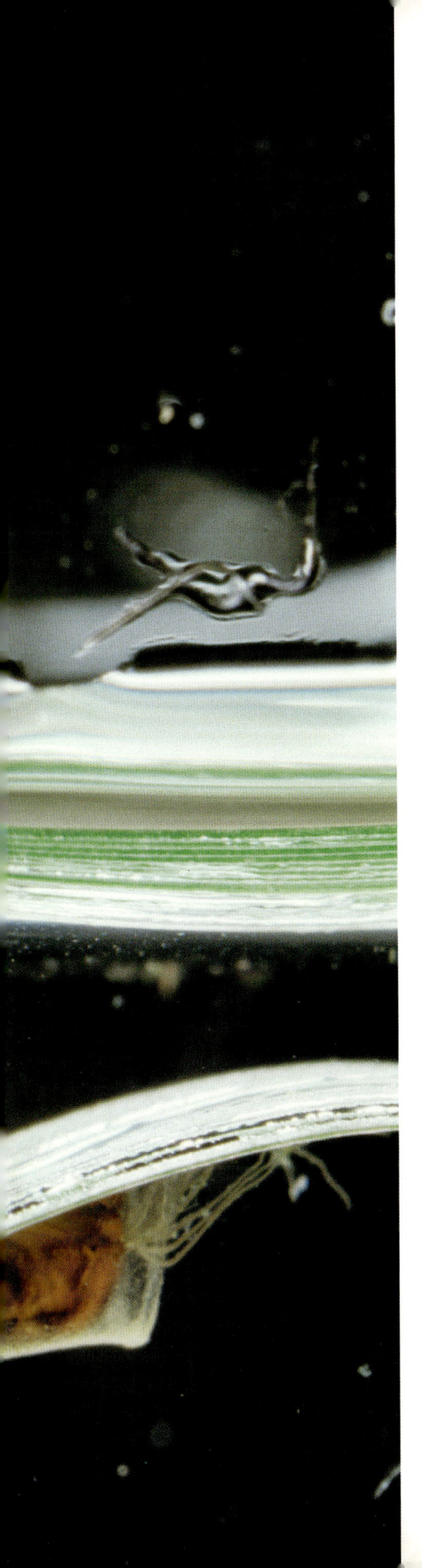

## 蚋属
### *Simulium*

**目**：双翅目
**科**：蚋科
**体长**：2~5毫米
**分布**：全世界

蚋属包括数量极多的成员，分布在全世界的各个角落。一般来说，蚋属昆虫体型较小，身体呈黑色或灰色，步足短，具有触角，以动物（包括人类）血液为食，是多种严重疾病的传播媒介。叮咬是雌性的特权，而雄性则以花蜜为食。

欧洲蚋（Simulium colombaschense）分布于欧洲中东部，身体粗壮，步足和触角短小，会成群进攻野生和家养的哺乳动物，也会叮咬人类，使人感到十分疼痛。欧洲蚋以血液为食，有时为了吸血，甚至会钻入动物的鼻子和气管。在巴尔干半岛，这种昆虫可导致整个牛群死亡。

相近的物种有马维蚋（Simulium equinum），会叮咬多种哺乳动物，尤其是马和驴，也会攻击人类，其叮咬会令人感到刺痛难忍。

## 大蚊
### *Tipula oleracea*

**目**：双翅目
**科**：大蚊科
**体长**：1.5~2.5厘米
**分布**：欧洲中南部、非洲北部

大蚊分布于欧洲中南部和非洲北部，在意大利境内十分常见，尤其在植物较多、湿度较大的地区。和其他大蚊科成员一样，大蚊形似一只体型巨大的蚊子，但实际上它不以血液为食，也不叮咬动物。

春季伊始，成虫即可见于草地和农田中，交配后，雌性在土壤中产卵，之后死去。幼虫在土壤中生活，以植物根部为食，会对农作物造成损害。幼虫发育很快，在夏季变为成虫，并繁殖第二代，第二代以幼虫形式越冬。

相近的物种有巨蚊（Tipula gigantea）和欧洲大蚊（Tipula paludosa）。

## 静食白蛉
### *Phlebotomus papatasi*

**目**：双翅目
**科**：蛾蚋科
**体长**：2~3毫米
**分布**：地中海地区

静食白蛉分布于地中海沿岸的所有国家，夜间活跃，雌性寻找人类或动物吸血，雄性则以糖液为食。静食白蛉形似小型蚊子，但除体型与蚊子不同外，身上还具有长而细的绒毛。它的飞行无声，其叮咬除有刺激性外，还特别危险，因为可能传播病毒性疾病（如三日热或白蛉热）或由原生动物导致的疾病（如利什曼原虫病）。

## 羽摇蚊
### *Chironomus plumosus*

**目**：双翅目
**科**：摇蚊科
**体长**：1~1.2厘米
**分布**：欧洲

羽摇蚊很容易与蚊子混淆，但它不以血液为食。夏季的晚间可以见到大群羽摇蚊在静水和臭水附近飞行，它们在这里交配、产卵，幼虫在这里生长发育。幼虫呈鲜红色，体长超过2.5厘米，生活在淤泥中，利用唾液腺的分泌物形成类似小渔网的结构汲取水分。幼虫常被用于喂养鱼类。

## 五斑按蚊
*Anopheles maculipennis*

| 目 | 双翅目 |
|---|---|
| 科 | 蚊科 |
| 体长 | 5~10毫米 |
| 分布 | 欧洲、亚洲南部、非洲 |

五斑按蚊分布于欧洲、亚洲南部和非洲，仅生活在静水区域。它曾在意大利境内大量繁殖，但经过19世纪中叶的湿地改良活动，数量已经大量减少。五斑按蚊肯定是最可怕的昆虫之一，因为它可携带和传播疟疾病毒。

冬季休眠过后，成虫在春季重新开始活动。已在前一年秋季受精的雌性在产卵前需要让受精卵发育成熟，因此会吸食大量的血液。当雌性准备好产卵时，就飞到积水的水面上，可产下多达170颗卵，卵呈典型的泡囊状，可帮助卵在水上漂浮。

## 白纹伊蚊
*Aedes albopictus*

| 目 | 双翅目 |
|---|---|
| 科 | 蚊科 |
| 体长 | 2~10毫米 |
| 分布 | 亚洲东南部、非洲、中东地区、大洋洲、北美洲、南美洲、欧洲 |

白纹伊蚊原产于亚洲东南部，近几年通过海上运输传入非洲、中东地区、大洋洲、北美洲、南美洲和欧洲，自1998年开始在意大利境内出现。白纹伊蚊的体表有明显的黑白色虎纹，雄性的体型比雌蚊小。雌性甚至可在白天叮人，可在池塘等积水环境中的湿润岸边产卵，还可在花盆或有水的花盆托盘、屋檐和其他容器中产卵。卵可抵御干旱，只要有足够的水分，就开始发育。白纹伊蚊的叮咬可引发过敏反应。

同属的物种还有埃及伊蚊（Aedes aegypti），分布于热带地区，可传播黄热病毒，因此特别危险。

## 致乏库蚊
*Culex fatigans*

| 目 | 双翅目 |
|---|---|
| 科 | 蚊科 |
| 体长 | 5~10毫米 |
| 分布 | 热带地区 |

致乏库蚊在热带地区数量极多，会携带和传播多种寄生于人类免疫系统和血液系统的寄生虫，导致严重的感染。当致乏库蚊叮咬感染了丝虫的人时，在吸血的同时，它还将丝虫的幼虫吸入肠内，这些幼虫发育为微丝蚴，并在致乏库蚊的吻管中安家，于是当致乏库蚊再叮咬其他人时，就会通过血液传播丝虫。

曼蚊属（Mansonia）昆虫，如非洲曼蚊（Mansonia africana）和致痒曼蚊（Mansonia tittilans）也是丝虫的传播媒介。

## 具环洗蚊
*Theobaldia annulata*

| 目 | 双翅目 |
|---|---|
| 科 | 蚊科 |
| 体长 | 1~1.2厘米 |
| 分布 | 热带和温带地区 |

具环洗蚊分布于全世界的热带和温带地区，在意大利境内常见，可在人类居所附近的淡水或微咸水水域中观察到它。它的身体覆盖了一层褐色鳞片，有金属光泽，步足上有深浅相间的环形条纹。其习性和生命周期与淡色库蚊相同。雌性在秋季已经受精。当夜间最低温度超过13.5摄氏度时，具环洗蚊可以传播疟原虫，导致鸟类罹患疟疾，但这种疟疾并非可感染人类的疟疾类型。

## 淡色库蚊
*Culex pipiens*

| | |
|---|---|
| 目: | 双翅目 |
| 科: | 蚊科 |
| 体长: | 3~6毫米 |
| 分布: | 全世界 |

淡色库蚊遍布全世界，是意大利境内最普遍的蚊类，可见于所有的环境中，如静水池塘，无论大小或是否是人造的池塘。雄性以花蜜和其他糖类物质为食；雌性则以血液为食，以为受精卵提供充足的营养，在黄昏和夜间尤为活跃。对于人类来说，淡色库蚊的叮咬十分难受，但并不危险，因为它不会传播特殊的疾病，但是会传播动物类丝虫，感染猫和狗。

淡色库蚊在地窖、废弃建筑或自然洞穴中过冬，春季回暖时醒来并开始繁殖活动，在水洼或静水中成组产下300~400颗卵，幼虫（孑孓）是水生的，之后化为蛹，也是水生的。成虫仅存活几周，根据气候的不同，每年最多可繁殖4代。夏末，受精的雌蚊寻找过冬的地点，雄蚊则死去。

### 如何区分不同物种的幼虫

淡色库蚊将受精卵成块产在一个漂浮物结构中，幼虫具有长长的虹吸管，以倾斜的姿势生活在水面之下，将虹吸管伸出水面进行呼吸。而五斑按蚊的幼虫则是以竖直的姿势浮在水面下的。

淡色库蚊如今已经遍布世界的各个角落，几乎没有人能逃脱它的叮咬。选择"猎物"时，淡色库蚊受多个因素（我们并不了解所有因素），如热量、二氧化碳释放量和不同人的皮肤的特殊气味等的影响。

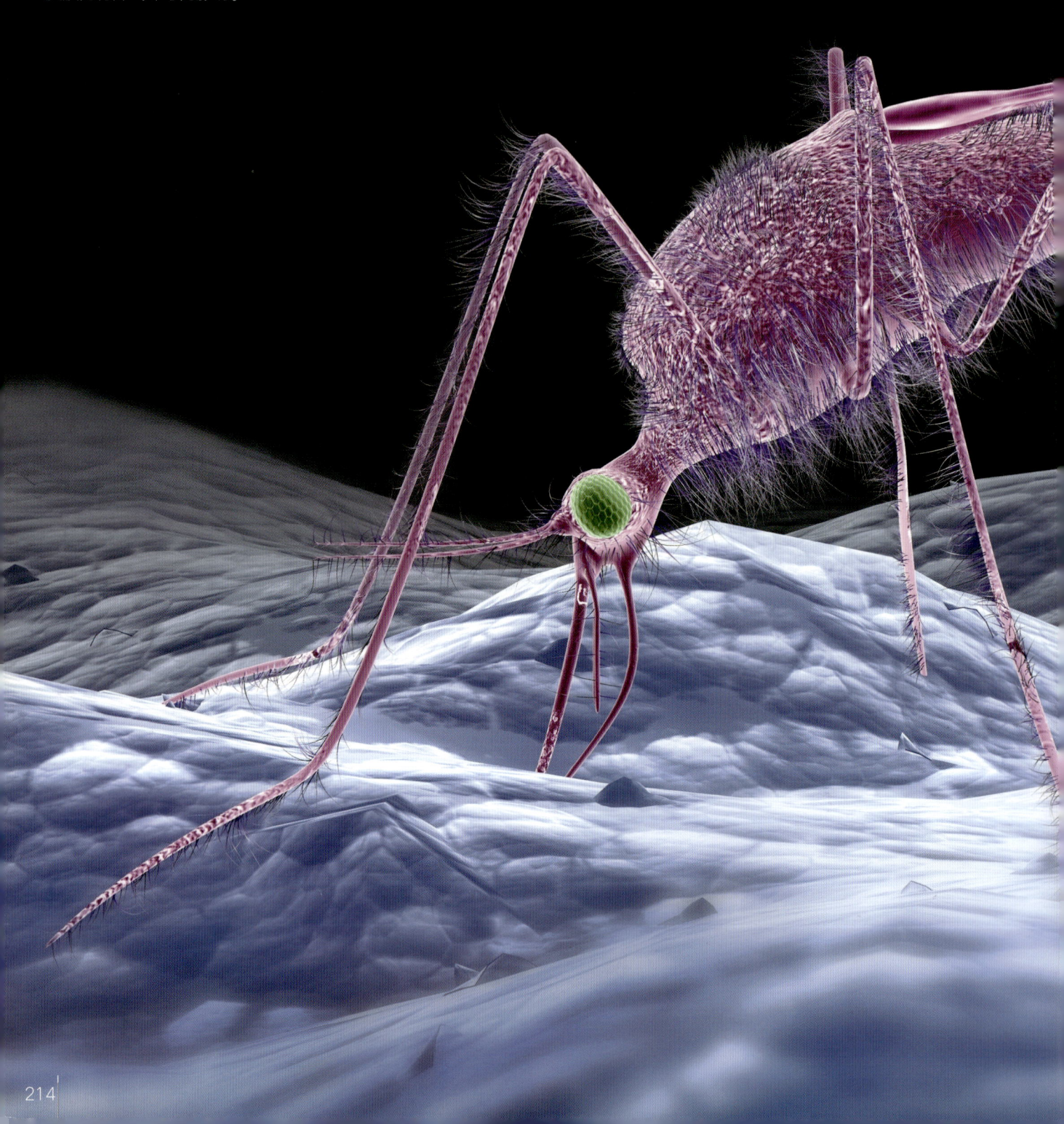

215

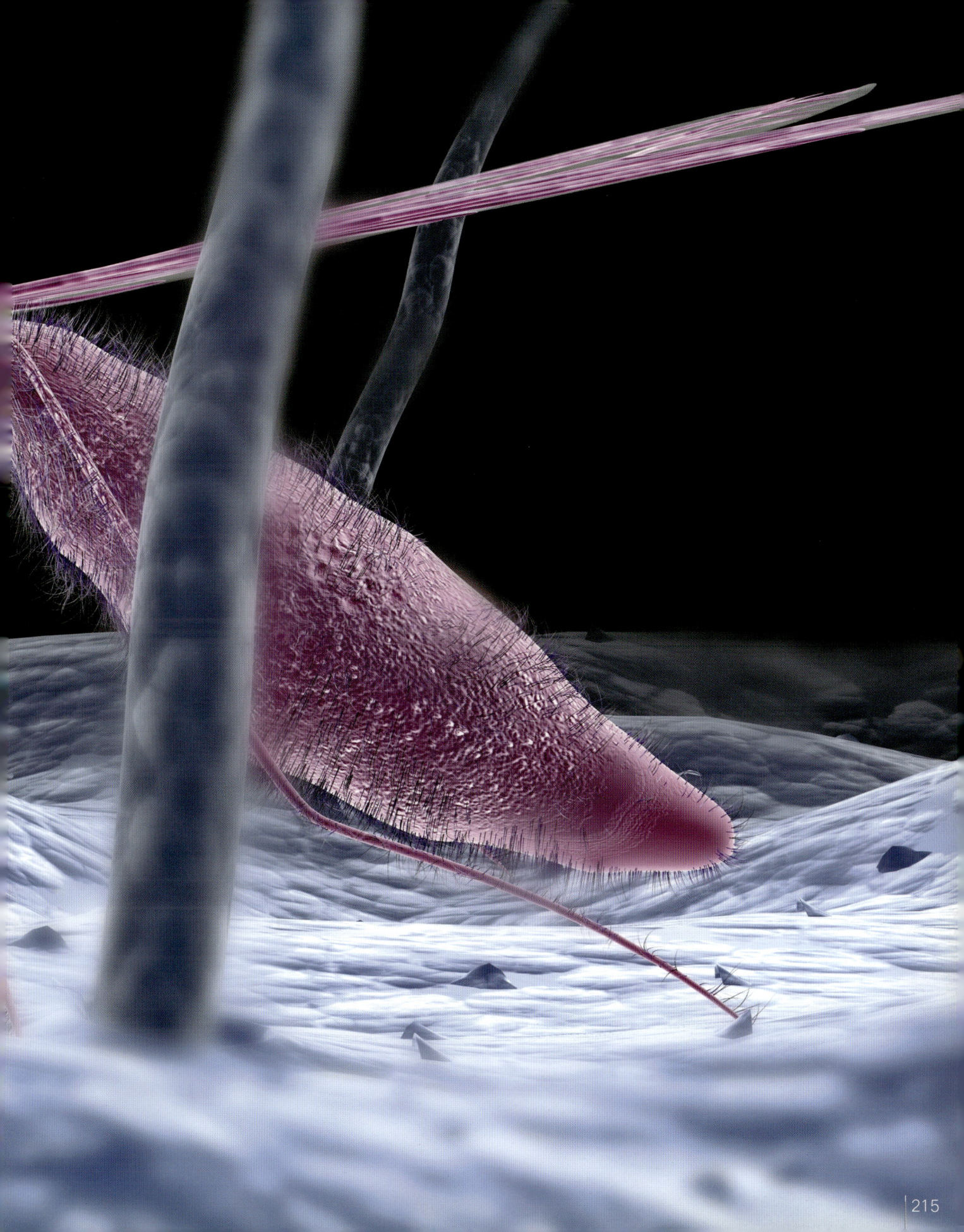

## 纹食虫虻
### *Asilus crabroniformis*

| 目 | 双翅目 |
|---|---|
| 科 | 食虫虻科 |
| 体长 | 1.5~3厘米 |
| 分布 | 欧洲、亚洲、非洲北部 |

纹食虫虻分布于欧洲、亚洲和非洲北部，是一种捕食性双翅目昆虫。同其他食虫虻科昆虫一样，它仅在夜间活动。可在6~9月的荒地、干旱的农田和树林之间见到纹食虫虻。纹食虫虻是欧洲体型最大的双翅目昆虫之一，胸部呈淡红色，腹部呈黄色和黑色，看起来像巨大的膜翅目昆虫。纹食虫虻以苍蝇、蝗虫和膜翅目昆虫，包括胡蜂为食，通过伏击捕食。纹食虫虻抓住猎物后，先用喙管刺入猎物身体，并注射毒液，之后再次刺入，注射溶解猎物体内组织的物质，最后吮吸其体内的汁液。

## 嗜牛原虻
### *Tabanus bovinus*

| 目 | 双翅目 |
|---|---|
| 科 | 虻科 |
| 体长 | 2~2.5厘米 |
| 分布 | 欧洲、亚洲、非洲北部 |

嗜牛原虻分布在欧洲、亚洲和非洲北部，在春季至秋季的树林、草地和乡村十分常见，在平原和山地均能观察到它；在阿尔卑斯山区，可分布在海拔2000米的区域。嗜牛原虻身体粗壮，有亮绿色巨型复眼，翅膀较大，移动迅速而持久。雌性以哺乳动物的血液为食，因产卵后需要补充丰富的营养，所以会大量攻击牧场内的马和牛。雄性则以花蜜为食。

雌性将卵产在草茎上，幼虫在土壤中生长发育，以小型昆虫为食，春季化蛹，化蛹几天后就能变为成虫。嗜牛原虻的叮咬十分疼痛，但不传染疾病，因此不危险。它极少叮咬人类，但它的近亲多声虻（Tabanus bromius）则经常骚扰人类。

相近的物种有向阳原虻（Tabanus apricus）和希腊原虻（Tabanus graecus）。

## 潜蝇科
### *Agromyzidae*

| 目 | 双翅目 |
|---|---|
| 科 | 潜蝇科 |
| 体长 | 2~5毫米 |
| 分布 | 欧洲、亚洲、非洲北部 |

潜蝇科包括1000多种对农业有害的昆虫，因为它们的幼虫会在叶片组织中打洞，从而使植物遭受严重损害。成虫体型极小，腹部狭长。许多物种在意大利境内相当常见。比如，康乃馨伪萝潜蝇（Pseudonapomyza dianthicola），其幼虫生活在康乃馨的叶片中；安塔卢西亚潜蝇（Agromyza andalusiaca），威胁洋蓟的树叶；豌豆彩潜蝇（Phytomyza atricornis），蚕食豌豆、卷心菜和其他蔬菜。

## 大蜂虻
### *Bombylius major*

| 目 | 双翅目 |
|---|---|
| 科 | 蜂虻科 |
| 体长 | 8~12毫米 |
| 分布 | 欧洲、日本、非洲北部、北美洲 |

大蜂虻由于体型相似、体表披毛，且善于飞行，常被误认为小型的丸花蜂属昆虫。成虫可见于春季和夏季的草地和农田中，栖息在花蕾上，用长长的喙管吮吸花蜜。幼虫粗壮、多动，寄居在某些独居蜜蜂的身上。它会潜入蜂巢，并在第一时间吞食蜜蜂储存的花粉，之后"改头换面"，获得更粗的口器，用来攻击宿主的幼虫。

## 抗凝血的叮咬

吸血虻类叮咬受害者的皮肤时，会向受害者身体内注入一定量的抗凝血物质，使得在它们吸饱之前，叮咬处不会立即愈合，血液不会凝固。因此，当吸血虻类离开受害者时，伤口还会流出少量血液。在许多情况下，正是这种抗凝血物质导致了叮咬产生的瘙痒和疼痛。

## 基因研究

黑腹果蝇是基因研究中最常使用的试验动物之一，因其发育周期短、体型小，便于饲养。另外，其唾液细胞中的染色体巨大，便于观察。但最重要的是，黑腹果蝇的遗传机制所揭示的原理，即使对于人类来说也是意义非凡的。它的基因中有60%与已知的人类遗传病相关；另外，约有50%的蛋白质与哺乳动物相同。

## 地中海果蝇
### Ceratitis capitata

| | |
|---|---|
| 目： | 双翅目 |
| 科： | 实蝇科 |
| 体长： | 4.5~6.5毫米 |
| 分布： | 欧洲中南部、热带和亚热带地区 |

地中海果蝇被人类引入热带和亚热带地区的果园中，会对果园经济造成巨大损失。成年雌性出现于5月，交配后在桃树和杏树的果实中产卵。幼虫以果肉为食，逐渐成长，当果实落地后，它们从果实中爬出，在土壤中化蛹。几天后，成虫出现，开始新一轮的生命周期，会攻击其他水果，如无花果、仙人掌果，甚至番茄和辣椒。这种小型果蝇每年可繁殖7代。

## 橄榄果蝇
### Dacus oleae

| | |
|---|---|
| 目： | 双翅目 |
| 科： | 实蝇科 |
| 体长： | 4~5毫米 |
| 分布： | 地中海地区、非洲南部 |

橄榄果蝇是橄榄树最强大的敌人之一，因为其幼虫在橄榄中发育，成虫则以糖类物质为食。夏末，雌性用产卵管刺破橄榄的果皮，在果实中产下一颗卵。新生的幼虫向橄榄内部挖掘隧道，直至果核处。幼虫在果肉中化蛹，变为成虫后从果实中爬出，留下一个肉眼可见的出口。

## 黑腹果蝇
*Drosophila melanogaster*

**目**：双翅目
**科**：果蝇科
**体长**：1.8~2毫米
**分布**：全世界

黑腹果蝇遍布全世界各个角落，生活在人类居所、农田、花园中，它能找到任何成熟或发酵的果实，以果实的糖汁为食；在葡萄发酵的地方数量尤多。黑腹果蝇体型中等，身体呈黄褐色，眼睛呈红色。雌性的体型比雄性稍微大一些。受精后，雌性将卵产在发酵的水果上，这些水果就是幼虫的食物。幼虫在短时间内就能完成从蛹到成虫的转变，在1年内，如果环境条件合适，黑腹果蝇甚至可以繁殖30代。特别地，当气温为25℃时，黑腹果蝇的整个生命周期仅有2周；而在18℃时，黑腹果蝇可以存活4周，一只雌性可在10天内产下多达600颗受精卵。

## 黄盾蜂蚜蝇
*Volucella pellucens*

**目**：双翅目
**科**：食蚜蝇科
**体长**：15~16毫米
**分布**：欧洲、亚洲（从西伯利亚到日本）

黄盾蜂蚜蝇分布于欧洲及亚洲从西伯利亚到日本的地区。成虫的体态与胡蜂十分相似，腹部呈黄色和黑色；可见于4~10月的花蕾上。雌性受精后借助其迷惑性的外表进入胡蜂的蜂巢，并在其中产卵。幼虫一开始作为胡蜂幼虫的外部寄生虫，生活在巢房中，之后进入蜂巢的深处，以胡蜂的尸体为食。为了越冬，黄盾蜂蚜蝇会进入土壤，第二年春天先转变为蛹，最后发育为成虫，随时准备新一轮交配。

## 眼蝇科
*Conopidae*

**目**：双翅目
**科**：眼蝇科
**体长**：9~13毫米
**分布**：全世界（除太平洋岛屿外）

眼蝇科昆虫呈黄黑色或黑白色，与胡蜂、蜜蜂和食蚜蝇科昆虫十分相似。成虫有长喙，以花蜜为食，可于花蕾上观察到它；而幼虫则寄生在其他昆虫（尤其是胡蜂）的腹部，这也就解释了为什么它的外表需要和宿主相似了。受精的雌性在飞行中抓住胡蜂，并利用腹部的延长结构（如开瓶器一般）用力向胡蜂的腹部注入一颗卵。眼蝇科包括眼蝇属（Conops）、达氏眼蝇属（Dalmannia）、黑眼蝇属（Physocephala）和似眼蝇属（Stylogaster）。

## 乳酪蝇
*Piophila casei*

**目**：双翅目
**科**：酪蝇科
**体长**：2.5~4毫米
**分布**：全世界

乳酪蝇分布于全世界，其外表与家蝇十分相似，可在任何种类的鲜奶酪上产卵。幼虫在鲜奶酪中挖掘隧道，并以鲜奶酪为食，直至化蛹、变成虫后才会离开鲜奶酪。幼虫有特殊的跳跃技能：身体前端抓住身体后端，形成圆圈，然后用力收缩肌肉，再突然放松身体，向高处跃出。

## 樱桃果蝇
*Rhagoletis cerasi*

**目**：双翅目
**科**：果蝇科
**体长**：4~5毫米
**分布**：欧洲、高加索地区

樱桃果蝇分布于欧洲和高加索地区，成虫常见于5~6月，呈亮黑色，翅膀透明，有4条横向的黑带，可于4月末至6月中观察到飞行的成虫。交配后，雌性用短小的产卵器刺破樱桃的表皮，在果肉中产卵。幼虫向果肉内部一点点挖掘，到6月时就可到达果核处。发育成熟后，幼虫离开果实，落到地面化蛹。

同属的物种还有核桃绕实蝇（Rhagoletis completa）。

# 寄生蝇
## *Tachina larvarum*

| 目：双翅目 |
| 科：寄蝇科 |
| 体长：1.5~1.8毫米 |
| 分布：亚欧大陆 |

寄生蝇在亚欧大陆十分常见，是鳞翅目幼虫的寄生虫。雌性攻击宿主的外皮，在其上产卵。幼虫出生后，侵入宿主体内，以其内部器官为食，从最不重要的器官开始，这可使宿主最大限度地维持生命。发育成熟后，幼虫打开一条通道，从宿主体内爬出，并在土壤中化蛹。

寄生蝇是生物防治鳞翅目害虫的有效手段。

## 蜂虱蝇
### *Braula coeca*

| 目：双翅目 |
| 科：蜂虱蝇科 |
| 体长：1~1.5毫米 |
| 分布：全世界 |

蜂虱蝇分布在全世界任何有蜜蜂的地方，为寄生性昆虫。蜂虱蝇的外表不像双翅目昆虫，更像一只虱子：无翅膀，无复眼，披有绒毛，身体扁平，步足长而粗壮。蜂虱蝇以蜂巢内的食物储备和宿主溢出的液体为食，但不吸食血淋巴（无脊椎动物体内流动的液体）。一般来说，可在一只蜜蜂身上观察到多只蜂虱蝇，工蜂身上通常最多有3只；蜂后身上可有多达20只，在这种情况下蜂后就不能产卵了。

## 人皮蝇
### *Dermatobia hominis*

| 目：双翅目 |
| 科：皮蝇科 |
| 体长：1.2~1.5厘米 |
| 分布：墨西哥、北美洲南部、南美洲 |

人皮蝇是兔子和家畜的寄生虫，也可见于人类身上。它的腹部呈蓝色，步足和头部有橙色条纹。人皮蝇飞行时所发出的"嗡嗡"声会"通知"可能的宿主，因此雌性为了产卵需要使用一点"计策"：它抓来一只吸血的双翅目昆虫，在其腹部产下一串卵，之后将其放走。1周后，受精卵成熟，当这只双翅目昆虫叮咬宿主时，幼虫便慢慢进入宿主体内，随后在那里完成发育过程。

## 羊狂蝇
### *Oestrus ovis*

| 目：双翅目 |
| 科：狂蝇科 |
| 体长：1~1.2厘米 |
| 分布：全世界 |

羊狂蝇常见于全世界范围内的绵羊饲养场中。羊狂蝇实行胎生繁殖，在绵羊的鼻子中产下已成形的幼虫，幼虫会在绵羊鼻孔中停留一段时间，以绵羊的鼻涕为食，之后转移到绵羊的额骨窦处。它会刺激绵羊的鼻黏膜，引发所谓的寄生性鼻窦炎，病症可能非常严重，会导致眩晕和喷嚏。最后，正是通过打喷嚏，成熟的幼虫才得以从绵羊鼻子中出来，落入土壤，化为蛹，之后发育为成虫。

### 囊翅虱蝇属
*Ascodipteron*

| 目 | 双翅目 |
|---|---|
| 科 | 蝠虱蝇科 |
| 体长 | 1.2~1.5厘米 |
| 分布 | 非洲、亚洲、澳大利亚 |

囊翅虱蝇属中包含了蝙蝠的寄生虫，因此又称蝠虱蝇。雌性一旦受精，就会附着在宿主的表皮上，翅膀和步足脱落，腹部过度隆起，包住胸部和头部。蝠虱蝇以血液为食，幼虫出生时已经成熟，马上就会化蛹，并发育为成虫。

蛛虱蝇科（Nycteribiidae）昆虫也是蝙蝠的寄生虫，雷蝇科（Termitoxeniidae）昆虫则是白蚁的寄生虫。

### 大麦条足秆蝇
*Chlorops pumilionis*

| 目 | 双翅目 |
|---|---|
| 科 | 秆蝇科 |
| 体长 | 2.5~3.5厘米 |
| 分布 | 欧洲、西伯利亚、北美洲 |

大麦条足秆蝇是一种小型蝇类，其身体呈浅褐色，飞行沉重而缓慢，以花蜜和植物汁液为食。雌性以野生和培育的禾本科植物（小麦、大麦）为食，幼虫可在麦穗中挖掘隧道，以麦穗为食，导致植物茎部出现虫瘿。它每年繁殖两代，春季的一代危害谷物，但秋季的一代对农业无害。

长脉秆蝇属（Dicraeus）和小管秆蝇属（Siphonella）的成员有着与大麦条足秆蝇相似的习性。

### 马胃蝇
*Gastrophilus intestinalis*

| 目 | 双翅目 |
|---|---|
| 科 | 胃蝇科 |
| 体长 | 1.2~1.5厘米 |
| 分布 | 全世界 |

雌性马胃蝇在马和驴身体前部的毛皮上产卵，这样，当这些动物舔舐毛发时，会将卵也带入口中，此时幼虫破壳，之后转移到宿主肠道中，并在那里生活。发育成熟后，马胃蝇的幼虫从肠黏膜上脱离，随粪便排出宿主体外，在这些粪便或土壤中化蛹，进而发育为成虫。受马胃蝇的侵袭严重时，宿主会因内出血而死亡。

# 家蝇
*Musca domestica*

家蝇繁殖迅速、适应力极强,分布广泛。实际上,任何有机质丰富的地方都可以成为家蝇进食和产卵的地点。

| | |
|---|---|
| **目**: | 双翅目 |
| **科**: | 蝇科 |
| **体长**: | 7~8毫米 |
| **分布**: | 全世界 |

家蝇的分布极广,遍布全世界,生活在与人类相关的各种环境中。家蝇不叮咬人,常以人类食物为食,吮吸流体食物。成虫在隐蔽处过冬,于第二年3月再次外出。雌性在腐烂的动植物、人类食品、粪便上产下约150颗卵,幼虫就在这些物质中发育并以此为食,直到化蛹时才会进入土壤。在欧洲,家蝇每年最多可繁殖5代,仅10天就能完成从幼虫到成虫的转变,并继续繁殖新一代幼虫。

家蝇是多种致病菌(如肺结核和痢疾)、肠道蠕虫、变形虫的重要传播媒介,因为它会停留在滋生大量细菌的物质上,之后又会携带这些细菌飞到人类食物和桌布上。

## 中非舌蝇
*Glossina palpalis*

| | |
|---|---|
| 目 | 双翅目 |
| 科 | 舌蝇科 |
| 体长 | 6-12毫米 |
| 分布 | 非洲（从撒哈拉沙漠到喀拉哈里沙漠） |

中非舌蝇分布于非洲从撒哈拉沙漠到喀拉哈里沙漠的广袤地域。在成虫阶段，两性都具有刺吸式口器，仅以动物及人类的血液为食。

雌性受精后不产卵，而是让幼虫在其性器官内破壳，并在那里停留一段时间，靠特殊腺体的分泌物维持生命。在适合的时候，雌性在土壤中分娩幼虫，幼虫化蛹，约一个半月后发育为成虫。雌性接下来产下剩下的20余颗卵。中非舌蝇因传播冈比亚锥虫而臭名昭著，这种虫是诱发昏睡症的主要原因。

其近亲刺舌采采蝇（Glossina morsitans）有着相似的习性，可传播罗得西亚锥虫（Trypanosoma rhodesiense），引发那加那病，又称非洲牛马锥虫病。

### 昏睡症

昏睡症的传播发生在中非舌蝇叮咬的时候：中非舌蝇在已感染者身上吸血的同时，还将致病的冈比亚锥虫（狭长的原生动物，具有鞭毛）吸入肠道，之后冈比亚锥虫转移到中非舌蝇的唾液腺中，当中非舌蝇再叮咬健康者时，冈比亚锥虫就会借此进入健康者体内。被叮咬处一般会有红色的小块。很明显，中非舌蝇如果生活在没有感染者的地区，其本身是无害的。昏睡症的症状为高烧不退、出皮疹和淋巴结肿大，在最后阶段，会呈现神经性症状和昏睡状态（昏睡症也由此得名）。

## 厩螫蝇
*Stomoxys calcitrans*

**目**：双翅目
**科**：蝇科
**体长**：5.5~7厘米
**分布**：全世界

厩螫蝇在全世界范围内普遍分布，尤其是在乡村环境中，多见于马厩和牛棚附近，在城市环境中极为罕见。厩螫蝇的外观与家蝇相像，不同的是厩螫蝇具有刺吸式口器。厩螫蝇生性贪婪，也称炭疽病蝇，因为它可在人类中传播炭疽病、在马类中传播传染性贫血。成虫以哺乳动物（包括人类）的血液为食，多在高温闷热的天气叮咬，可使人产生剧烈的疼痛。

厩螫蝇在粪便中产卵，每年可繁殖多代幼虫，特别是在气候炎热的地区，能够不间断地繁殖，没有冬眠状态。

## 牛皮蝇
*Hypoderma bovis*

**目**：双翅目
**科**：皮蝇科
**体长**：1.3~1.5毫米
**分布**：北美洲、非洲北部、亚洲北部、欧洲

牛皮蝇分布于北美洲、非洲北部、亚洲北部和欧洲，破坏力极强。牛皮蝇成虫的外观与蜜蜂相似，飞行时发出特有的"嗡嗡"声，牛群似乎能识别这种声音，每次听到都会有恐惧的反应。

雌性在牛等家畜的皮肤上产卵，一般在身体前部和蹄子上。幼虫刺破宿主的皮肤，在皮下组织中安家，之后转移到脊髓或脑膜中。3月，幼虫再次移动，形成较大的结节，这可在宿主背部的皮肤上观察到。幼虫发育成熟后，从结节处开口爬出，落到地面上化蛹，1个月左右就能发育为成虫。

### 甜菜泉蝇
*Pegomya betae*

**目**：双翅目
**科**：花蝇科
**体长**：3~10毫米
**分布**：亚欧大陆（除极北地区外）、中东地区

甜菜泉蝇形似家蝇，身体呈黑色，会给甜菜和菠菜的种植带来巨大的损失，特别是这两种蔬菜还未成熟的时候，幼虫就开始蚕食菜叶，4月末至7月末开始成群出现。

同样对农作物有害的相近物种是贪婪泉蝇（Pegomya esuriens）。同科的物种还有斧头种蝇（Hylemia securis），对谷物种植有很大危害。

### 拟甘蓝地种蝇
*Delia brassicae*

**目**：双翅目
**科**：花蝇科
**体长**：5.5~7.5毫米
**分布**：欧洲、北美洲

拟甘蓝地种蝇分布于欧洲和北美洲。成虫于4~5月活跃，雌性在土壤中成组产卵，或直接在十字花科植物（既有种植的卷心菜、花椰菜和花菜，也有野生的物种）上产卵。幼虫钻入土壤，以植物的根部为食，对植物的危害极大，发育成熟后，在植物上化蛹，之后变为成虫。一般来说，拟甘蓝地种蝇每年可繁殖2~3代，第二或第三代的蛹能够在冬季休眠，于第二年春天羽化，变为成虫。

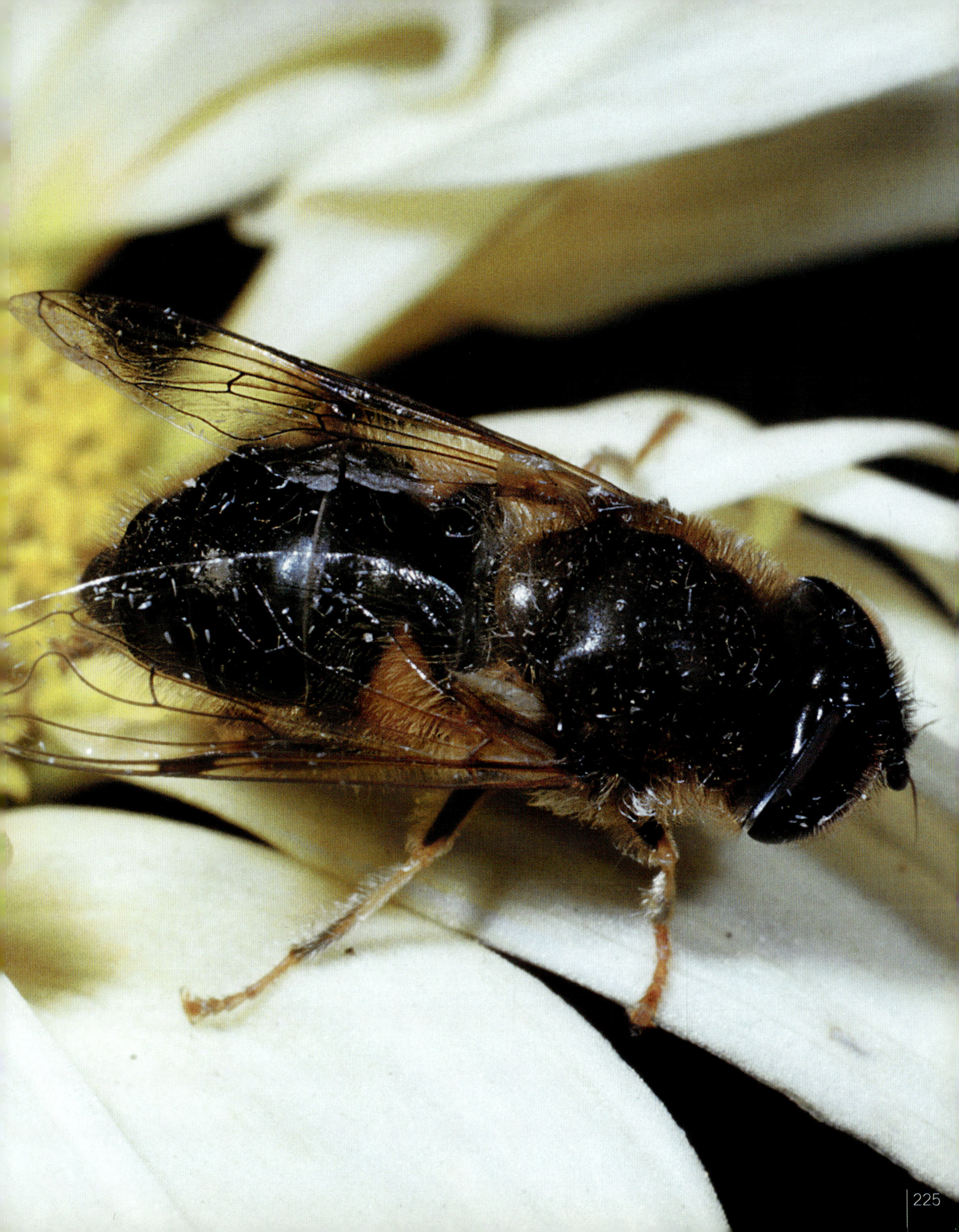

# 叉叶绿蝇
*Lucilia caesar*

| | |
|---|---|
| 目 | 双翅目 |
| 科 | 丽蝇科 |
| 体长 | 6~11毫米 |
| 分布 | 欧洲、亚洲、非洲北部 |

叉叶绿蝇体色鲜艳，呈绿色，有金属光泽，夏季常见于人类居所附近，主要以变质物质及人和动物的粪便为食，雌性还在粪便中产卵。叉叶绿蝇分布于欧洲、亚洲和非洲北部。

叉叶绿蝇的飞行速度很快，虽然令人讨厌，但它是生态环境中分解粪便和残余有机质的重要环节。据统计，在一只家鼠的尸体上就能发现将近4000只叉叶绿蝇的幼虫。

叉叶绿蝇的外表呈翠绿色，有金属光泽，光彩夺目，喜食人和动物的粪便。它是大自然的"清道夫"，功劳不容小觑，因此可以认为叉叶绿蝇是一种益虫。

## 尸食性麻蝇
*Sarcophaga carnaria*

| 目 | 双翅目 |
|---|---|
| 科 | 麻蝇科 |
| 体长 | 1.3~1.5厘米 |
| 分布 | 欧洲、非洲 |

尸食性麻蝇分布于欧洲和非洲，常见于人类居住区，尤其在花蕾和粪便上。雌性贪婪地寻找腐烂的肉类以便产卵，但也可在粪便和死亡动物的骨骼上产卵。幼虫可分解正在腐烂的动植物，但对人类和动物却十分危险，因为它可导致严重的胃肠道感染。成虫则是炭疽病的传播媒介。

## 红头丽蝇
*Calliphora erythrocephala*

| 目 | 双翅目 |
|---|---|
| 科 | 丽蝇科 |
| 体长 | 6~13毫米 |
| 分布 | 全世界 |

红头丽蝇遍布全世界，其身体呈亮蓝色，十分容易识别，可在意大利境内的农田和草地中观察到它。它不间断地飞行，寻觅糖液为食。

雌性在正变质的有机物（动物粪便、烂水果、发酵的干草及人类和动物化脓的伤口等）上产卵，这些有机物都是幼虫的食物。幼虫在几天内就能发育成熟，化蛹后变为成虫。

在某些情况下，红头丽蝇能够传播严重疾病，如霍乱和炭疽病，当然是在环境中存在这些细菌的情况下才会传播。而在另一些情况下，幼虫可在哺乳动物的鼻孔和气管中发育，为宿主带来严重的困扰。幼虫还可广泛用作垂钓的诱饵。

# 弹尾目、双尾目、原尾目

**小型原始六足动物**

这些物种以往被归入昆虫纲，如今被细分为3个不同的目类，其成员是十分原始的小型动物，组成了一个值得我们探索的微型世界。

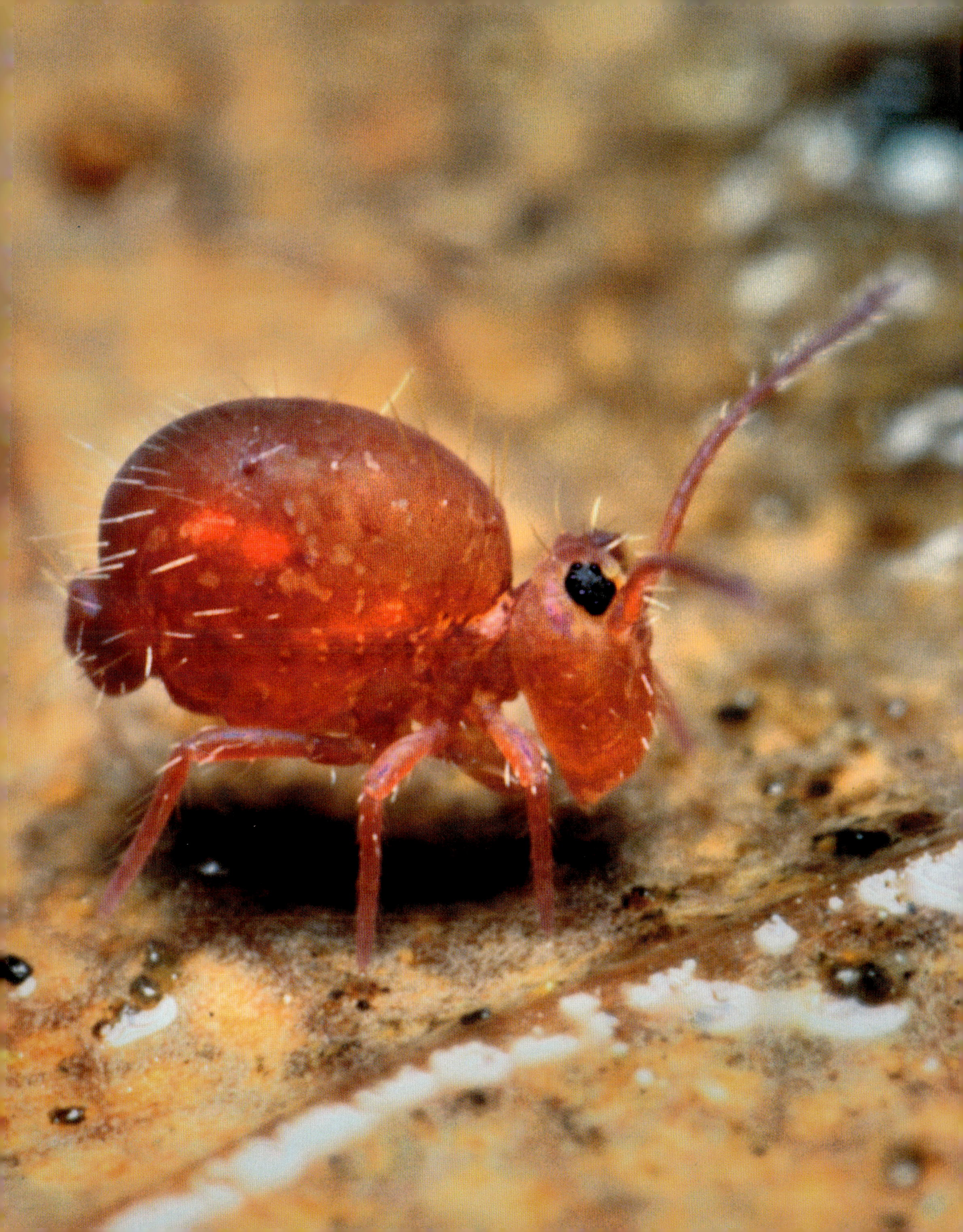

上页和本页图片：弹尾目动物

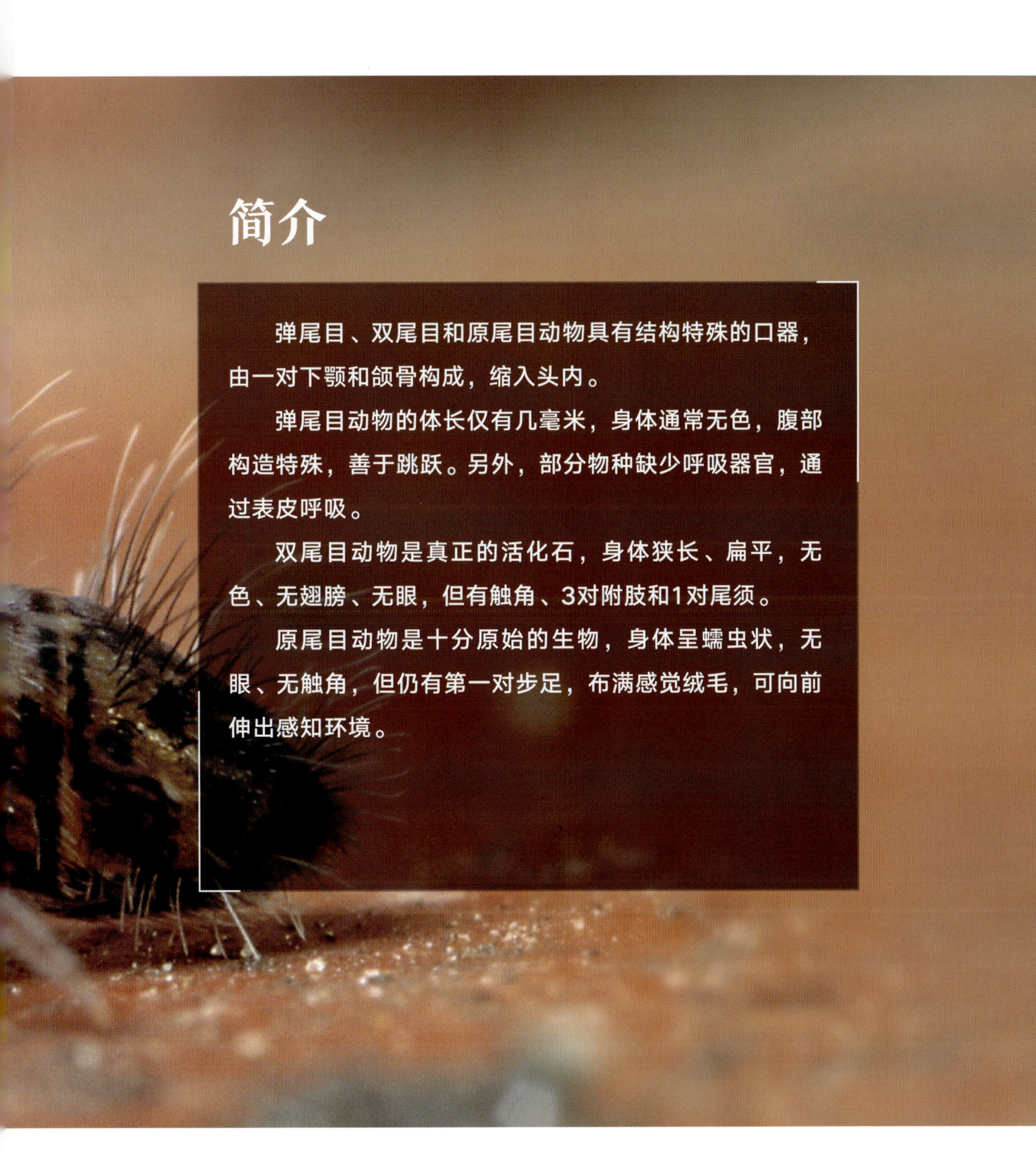

# 简介

　　弹尾目、双尾目和原尾目动物具有结构特殊的口器，由一对下颚和颌骨构成，缩入头内。

　　弹尾目动物的体长仅有几毫米，身体通常无色，腹部构造特殊，善于跳跃。另外，部分物种缺少呼吸器官，通过表皮呼吸。

　　双尾目动物是真正的活化石，身体狭长、扁平，无色、无翅膀、无眼，但有触角、3对附肢和1对尾须。

　　原尾目动物是十分原始的生物，身体呈蠕虫状，无眼、无触角，但仍有第一对步足，布满感觉绒毛，可向前伸出感知环境。

# 水跳虫
*Podura aquatica*

| 目 | 弹尾目 |
| --- | --- |
| 科 | 跳虫科 |
| 体长 | 1.1~1.5毫米 |
| 分布 | 欧洲、西伯利亚、北美洲 |

水跳虫分布在欧洲、西伯利亚和北美洲，多见于池塘、湖泊和草甸的水面上，尤其在解冻时节，分布高度自平原至海拔2500米的山地。水跳虫呈蓝灰色至黑色，可跳跃，如同在薄膜表面一般在水面上移动。它是跳虫科下唯一属的唯一物种。

水跳虫在石头下或草甸植物中产卵，幼虫的外形和成虫类似，但腹部较小。水跳虫的跳跃能力得益于它的腹部结构：由6个体节构成，第一节呈圆柱形，朝向低处，称为腹管，从中释放的黏液帮助水跳虫附着在平滑的水面上；第三节有突起，称为支撑带；最后一节则带有一根"尾巴"，称为弹器。当想要跳起时，水跳虫首先将弹器向前弯曲，置于身体之下，并勾住支撑带，之后借力松开，将弹器向后甩，敲击地面，如同杠杆一般，将自己送至高处。

# 冰川跳蚤
*Isotoma saltans*

| 目 | 弹尾目 |
| --- | --- |
| 科 | 等节跳虫科 |
| 体长 | 1.5~2毫米 |
| 分布 | 欧洲、西伯利亚、北美洲 |

冰川跳蚤是一种生活在高山雪原和冰川上的弹尾目动物，通常群居，组成一大块黑色斑点，让雪地看起来很"脏"。成虫善于跳跃，以海拔较低处或随风飘到雪地上的植物花粉为食。由于身体呈黑色，冰川跳蚤能够承受强烈的阳光和高温，它也能够忍受酷寒。

相近的物种有绿等节跳虫（Isotoma viridis），生活在泉水中。

## 脆弱双尾虫
*Campodea fragilis*

| 目：双尾目 |
|---|
| 科：双尾科 |
| 体长：3~3.5毫米 |
| 分布：全世界 |

和所有双尾目动物一样，脆弱双尾虫身体细长，呈半透明的白色，有长触角和长尾须。它生活在湿润的、富含腐殖质的土壤中，石头下和腐坏的木头中，以腐烂物质为食。脆弱双尾虫有群居习性，有时可在蚁巢中大量聚集。脆弱双尾虫无眼，还可见于洞穴入口附近的墙壁上，这里常能见到其相近的属中的穴居双尾虫（Troglocampa）。

## 铗科
*Iapygidae*

| 目：双尾目 |
|---|
| 科：铗科 |
| 体长：6~30毫米 |
| 分布：欧洲、热带地区 |

铗科包括200余种动物，体型各异，身体尖细，身体呈浅色，腹部末端有两条坚硬的剪刀状尾须。铗科动物是能力超强的捕食者，以其他幼虫和小型昆虫为食，会用下颚或尾铗抓住猎物。铗科动物有着极强的再生能力，有时为了从猎食者手中逃脱，它会断掉一节或多节附肢（触角或步足），并在很短的时间内重新生长出来。雌性在土壤中成组产卵。

## 蚖属
*Acerentomon*

| 目：原尾目 |
|---|
| 科：蚖科 |
| 体长：1~1.2毫米 |
| 分布：欧洲、亚洲北部（除中国外） |

蚖属的拉丁语学名来源于希腊语，意为"无触角的昆虫"，指出了此类动物的典型特征——看起来像千足虫和昆虫的中间形态。它的身体狭长，呈红赭石色，雌性腹部膨胀。蚖属动物没有昆虫那样的气管，是通过体表呼吸的。蚖属动物生活在松软的沃土和正在腐烂的植物中，最具代表性的物种是原尾虫（Acerentomon doderoi）。

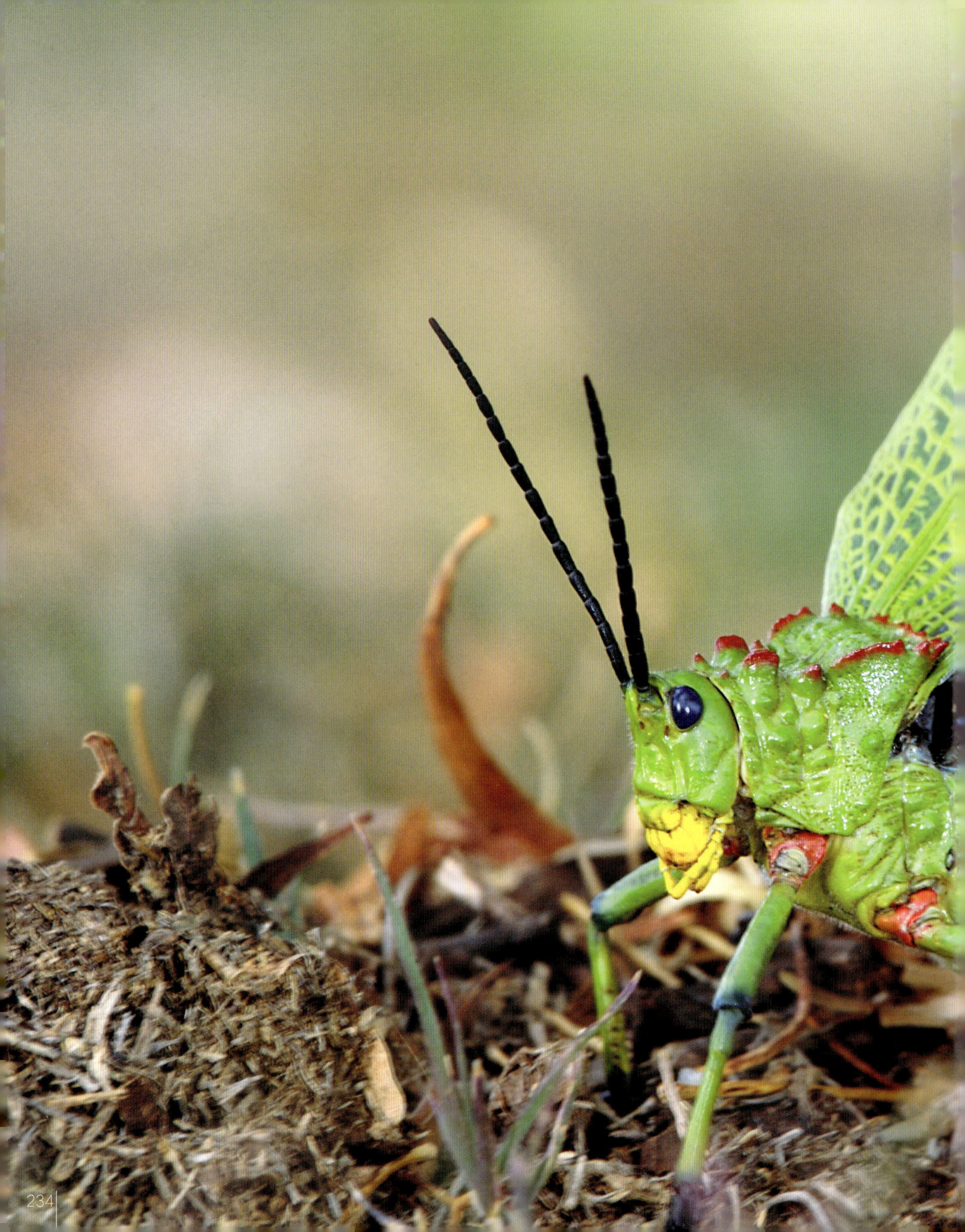

235